"十四五"时期国家重点出版物出版专项规划项目
大宗工业固体废弃物制备绿色建材技术研究丛书（第二辑）

镍铁（锂）渣粉基复合胶凝材料

李保亮　曹瑞林　张亚梅 ◎ 编著

中国建材工业出版社
北　京

图书在版编目（CIP）数据

镍铁（锂）渣粉基复合胶凝材料/李保亮，曹瑞林，张亚梅编著．--北京：中国建材工业出版社，2024.1

（大宗工业固体废弃物制备绿色建材技术研究丛书/王栋民主编．第二辑）

ISBN 978-7-5160-3588-7

Ⅰ．①镍… Ⅱ．①李… ②曹… ③张… Ⅲ．①镍铁－水泥基复合材料－胶凝材料－研究②锂－水泥基复合材料－胶凝材料－研究 Ⅳ．①TB333.2②TQ177

中国版本图书馆 CIP 数据核字（2022）第 183610 号

镍铁（锂）渣粉基复合胶凝材料

NIETIE (LI) ZHAFENJI FUHE JIAONING CAILIAO

李保亮 曹瑞林 张亚梅 编著

出版发行：中国建材工业出版社

地　　址：北京市海淀区三里河路 11 号
邮　　编：100831
经　　销：全国各地新华书店
印　　刷：北京印刷集团有限责任公司
开　　本：787mm×1092mm　1/16
印　　张：11.75
字　　数：180 千字
版　　次：2024 年 1 月第 1 版
印　　次：2024 年 1 月第 1 次
定　　价：68.00 元

院士推荐
RECOMMENDATION

    我国有着优良的利废传统，早在中华人民共和国成立初期，聪明的国人就利用钢厂、玻璃厂、陶瓷厂等工业炉窑排放的烟道飞灰，替代一部分水泥生产混凝土。随着我国经济的高速发展，社会生活水平不断提高以及工业化进程逐渐加快，工业固体废弃物呈现了迅速增加的趋势，给环境和人类健康带来危害。我国政府工作报告曾提出，要加强固体废弃物和城市生活垃圾分类处置，促进减量化、无害化、资源化，这是国家对技术研究和工业生产领域提出的时代新要求。

    中国建材工业出版社利用其专业优势和作者资源，组织国内固废利用领域学术团队编写《大宗工业固体废弃物制备绿色建材技术研究丛书》（第二辑），阐述如何利用钢渣、循环流化床燃煤灰渣、废弃石材等大宗工业固体废弃物，制备胶凝材料、混凝土掺和料、道路工程材料等建筑材料，推进资源节约，保护环境，符合国家可持续发展战略，是国内材料研究领域少有的引领性学术研究类丛书，希望这套丛书的出版可以得到国家的关注和支持。

中国工程院　姜德生院士

院士推荐
RECOMMENDATION

　　我国是人口大国，近年来基础设施建设发展快速，对胶凝材料、混凝土等各类建材的需求量巨大，天然砂石、天然石膏等自然资源因不断消耗而面临短缺，能部分替代自然资源的工业固体废弃物日益受到关注，某些区域工业废弃物甚至出现供不应求的现象。

　　中央全面深化改革委员会曾审议通过《"无废城市"建设试点工作方案》，这是党中央、国务院为打好污染防治攻坚战做出的重大改革部署。我国学术界有必要在固体废弃物资源化利用领域开展深入研究，并促进成果转化。但固体废弃物资源化是一个系统工程，涉及多种学科，受区域、政策等多重因素影响，需要依托社会各界的协同合作才能稳步前进。

　　中国建材工业出版社组织相关领域权威专家学者编写《大宗工业固体废弃物制备绿色建材技术研究丛书》（第二辑），讲述用固废作为原材料，加工制备绿色建筑材料的技术、工艺与产业化应用，有利于加速解决我国资源短缺与垃圾"围城"之间的矛盾，是值得国家重视的学术创新成果。

中国科学院　何满潮院士

丛书前言

PREFACE TO THE SERIES

　　《大宗工业固体废弃物制备绿色建材技术研究丛书》（第一辑）自出版以来，在学术界、技术界和工程产业界都获得了很好的反响，在作者和读者群中建立了桥梁和纽带，也加强了学者与企业家之间的联系，促进了产学研的发展与进步。作为专著丛书中一本书的作者和整套丛书的策划者以及丛书编委会的主任委员，我激动而忐忑。丛书（第一辑）全部获得了国家出版基金的资助出版，在图书出版领域也是一个很高的荣誉。缪昌文院士和张联盟院士为丛书作序，对于内容和方向给予极大肯定和引领；众多院士和学者担任丛书顾问和编委，为丛书选题和品质提供保障。

　　"固废与生态材料"作为一个事情的两个端口经过长达10年的努力已经越来越多地成为更多人的共识，这其中"大宗工业固废制备绿色建材"又绝对是其中的一个亮点。在丛书第一辑中，已就煤矸石、粉煤灰、建筑固废、尾矿、冶金渣在建材领域的各个方向的制备应用技术进行了专门的论述，这些论述进一步加深了人们对于物质科学的理解及对于地球资源循环转化规律的认识，为提升人们认识和改造世界提供新的思维方法和技术手段。

　　面对行业进一步高质量发展的需求以及作者和读者的一致呼唤，中国建材工业出版社联合中国硅酸盐学会固废与生态材料分会组织了《大宗工业固体废弃物制备绿色建材技术研究丛书》（第二辑），在第二辑即将出版之际，受出版社委托再为丛书写几句话，和读者交流一下，把第二辑的情况作个导引阅读。

　　第二辑共有8册，内容包括钢渣、矿渣、镍铁（锂）渣粉、循环流化床电厂燃煤灰渣、花岗岩石材固废等固废类别，产品类别包括地质聚合物、胶凝材料、泡沫混凝土、辅助性胶凝材料、管廊工程混凝土等。第二辑围绕上述大宗工业固体废弃物处置与资源化利用这一核心问题，在对其物相组成、结构特性、功能研究以及将其作为原材料制备节能环保建筑材料的研究开发及应用的基础上，编著成书。

中国科学院何满潮院士和中国工程院姜德生院士为丛书（第二辑）选题进行积极评价和推荐，为丛书增加了光彩；丛书（第二辑）入选"'十四五'时期国家重点出版物环境科学出版专项规划项目"。

固废是物质循环过程的一个阶段，是材料科学体系的重要一环；固废是复杂的，是多元的，是极富挑战的。认识固废、研究固废、加工利用固废，推动固废资源进一步转化和利用，是材料工作者神圣而光荣的使命与责任，让我们携起手来为固废向绿色建材更好转化做出我们更好的创新型贡献！

王栋民

中国硅酸盐学会　常务理事

中国硅酸盐学会固废与生态材料分会　理事长

中国矿业大学（北京）　教授、博导

院士推荐
（第一辑）
RECOMMENDATION

　　大宗工业固体废弃物产生量远大于生活垃圾，是我国固体废弃物管理的重要对象。随着我国经济高速发展，社会生活水平不断提高以及工业化进程逐渐加快，大宗工业固体废弃物呈现了迅速增加的趋势。工业固体废弃物的污染具有隐蔽性、滞后性和持续性，给环境和人类健康带来巨大危害。对工业固体废弃物的妥善处置和综合利用已成为我国经济社会发展不可回避的重要环境问题之一。当然，随着科技的进步，我国大宗工业固体废弃物的综合利用量不断增加，综合利用和循环再生已成为工业固体废弃物的大势所趋，但近年来其综合利用率提升较慢，大宗工业固体废弃物仍有较大的综合利用潜力。

　　我国"十三五"规划纲要明确提出，牢固树立和贯彻落实创新、协调、绿色、开放、共享的新发展理念，坚持节约资源和保护环境的基本国策，推进资源节约集约利用，做好工业固体废弃物等大宗废弃物资源化利用。中国建材工业出版社协同中国硅酸盐学会固废与生态材料分会组织相关领域权威专家学者撰写《大宗工业固体废弃物制备绿色建材技术研究丛书》，阐述如何利用煤矸石、粉煤灰、冶金渣、尾矿、建筑废弃物等大宗固体废弃物来制备建筑材料的技术创新成果，适逢其时，很有价值。

　　本套丛书反映了建筑材料行业引领性研究的技术成果，符合国家绿色发展战略。祝贺丛书第一辑获得国家出版基金的资助，也很荣幸为丛书作推荐。希望这套丛书的出版，为我国大宗工业固废的利用起到积极的推动作用，造福国家与人民。

中国工程院　缪昌文院士

院 士 推 荐
（第一辑）
RECOMMENDATION

习近平总书记多次强调，绿水青山就是金山银山。随着生态文明建设的深入推进和环保要求的不断提升，化废弃物为资源，变负担为财富，逐渐成为我国生态文明建设的迫切需求，绿色发展观念不断深入人心。

建材工业是我国国民经济发展的支柱型基础产业之一，也是发展循环经济、开展资源综合利用的重点行业，对社会、经济和环境协调发展具有极其重要的作用。工业和信息化部发布的《建材工业发展规划（2016—2020 年)》提出，要坚持绿色发展，加强节能减排和资源综合利用，大力发展循环经济、低碳经济，全面推进清洁生产，开发推广绿色建材，促进建材工业向绿色功能产业转变。

大宗工业固体废弃物产生量大，污染环境，影响生态发展，但也有良好的资源化再利用前景。中国建材工业出版社利用其专业优势，与中国硅酸盐学会固废与生态材料分会携手合作，在业内组织权威专家学者撰写了《大宗工业固体废弃物制备绿色建材技术研究丛书》。丛书第一辑阐述如何利用粉煤灰、煤矸石、尾矿、冶金渣及建筑废弃物等大宗工业固体废弃物制备路基材料、胶凝材料、砂石、墙体及保温材料等建材，变废为宝，节能低碳；第二辑介绍如何利用钢渣、矿渣、镍铁（锂）渣粉、循环流化床电厂燃煤灰渣、花岗岩石材固废等制备建筑材料的相关技术。丛书第一辑得到了国家出版基金资助，在此表示祝贺。

这套丛书的出版，对于推动我国建材工业的绿色发展、促进循环经济运行、快速构建可持续的生产方式具有重大意义，将在构建美丽中国的进程中发挥重要作用。

中国工程院　张联盟院士

丛书前言
（第一辑）
PREFACE TO THE SERIES

　　中国建材工业出版社联合中国硅酸盐学会固废与生态材料分会组织国内该领域专家撰写《大宗工业固体废弃物制备绿色建材技术研究丛书》，旨在系统总结我国学者在本领域长期积累和深入研究的成果，希望行业中人通过阅读这套丛书而对大宗工业固废建立全面的认识，从而促进采用大宗固废制备绿色建材整体化解决方案的形成。

　　固废与建材是两个独立的领域，但是却有着天然的、潜在的联系。首先，在数量级上有对等的关系：我国每年的固废排出量都在百亿吨级，而我国建材的生产消耗量也在百亿吨级；其次，在成分和功能上有对等的性能，其中无机组分可以谋求作替代原料，有机组分可以考虑作替代燃料；第三，制备绿色建筑材料已经被认为是固废特别是大宗工业固废利用最主要的方向和出路。

　　吴中伟院士是混凝土材料科学的开拓者和学术泰斗，被称为"混凝土材料科学一代宗师"。他在二十几年前提出的"水泥混凝土可持续发展"的理论，为我国水泥混凝土行业的发展指明了方向，也得到了国际上的广泛认可。现在的固废资源化利用，也是这一思想的延伸与发展，符合可持续发展理论，是环保、资源、材料的协同解决方案。水泥混凝土可持续发展的主要特点是少用天然材料、多用二次材料（固废材料）；固废资源化利用不能仅仅局限在水泥、混凝土材料行业，还需要着眼于矿井回填、生态修复等领域，它们都是一脉相承、不可分割的。可持续发展是人类社会至关重要的主题，固废资源化利用是功在当代、造福后人的千年大计。

　　2015年后，固废处理越来越受到重视，尤其是在党的十九大报告中，在论述生态文明建设时，特别强调了"加强固体废弃物和垃圾处置"。我国也先后提出"城市矿产""无废城市"等概念，着力打造

"无废城市"。"无废城市"并不是没有固体废弃物产生，也不意味着固体废弃物能完全资源化利用，而是一种先进的城市管理理念，旨在最终实现整个城市固体废弃物产生量最小、资源化利用充分、处置安全的目标，需要长期探索与实践。

这套丛书特色鲜明，聚焦大宗固废制备绿色建材主题。第一辑涉猎煤矸石、粉煤灰、建筑固废、冶金渣、尾矿等固废及其在水泥和混凝土材料、路基材料、地质聚合物、矿井充填材料等方面的研究与应用。作者们在书中针对煤电固废、冶金渣、建筑固废和矿业固废在制备绿色建材中的原理、配方、技术、生产工艺、应用技术、典型工程案例等方面都进行了详细阐述，对行业中人的教学、科研、生产和应用具有重要和积极的参考价值。

这套丛书的编撰工作得到缪昌文院士、张联盟院士、彭苏萍院士、何满潮院士、欧阳世翕教授和晋占平教授等专家的大力支持，缪昌文院士和张联盟院士还专门为丛书做推荐，在此向以上专家表示衷心的感谢。丛书的编撰更是得到了国内一线科研工作者的大力支持，也向他们表示感谢。

《大宗工业固体废弃物制备绿色建材技术研究丛书》（第一辑）在出版之初即获得了国家出版基金的资助，这是一种荣誉，也是一个鞭策，促进我们的工作再接再厉，严格把关，出好每一本书，为行业服务。

我们的理想和奋斗目标是：让世间无废，让中国更美！

王栋民

中国硅酸盐学会　常务理事
中国硅酸盐学会固废与生态材料分会　理事长
中国矿业大学（北京）　教授、博导

序

PREFACE

混凝土是目前世界上用途最广、用量最大的建筑材料。据统计，2021 年，我国水泥产量达到 23.63 亿 t，混凝土产量达到 32.93 亿 m^3。水泥混凝土行业的快速发展为我国工程建设发挥了不可替代的作用，但也消耗了大量的资源、能源，给我国生态环境保护带来巨大压力。与此同时，我国大中型城市一般工业固体废物的年排放量达到 13.8 亿 t，但是其综合利用率仍然处于较低水平，特别是新型工业固体废物，如镍铁渣、锂渣等。2020 年修订的《中华人民共和国固体废物污染环境防治法》的颁布实施，标志着国家对于工业固体废物的利用、处置提出了新的、更高的要求。将工业固体废物科学、合理、安全地用到水泥混凝土中，既能消纳固体废物又可降低建材生产过程中的能源消耗，更是高质量落实碳达峰碳中和国家重大战略的重要途径之一。但是，对于新型工业固体废物镍铁渣和锂渣粉的利用，目前仍缺乏系统的科学理论指导。

近日，欣喜地看到张亚梅教授团队结合多年研究成果与国内外最新研究进展，编著了这本有关镍铁（锂）渣粉基复合胶凝材料的著作。本书首先从生产工艺入手，系统分析了镍铁（锂）渣粉的组成与特性，介绍了其在碱性环境中的溶出特性以及镍铁（锂）渣粉水泥基复合胶凝材料的性能，包括碱激发镍铁渣粉及碱激发镍铁渣与矿渣复合胶凝材料的性能、蒸汽养护对掺镍铁（锂）渣粉水泥基材料水化产物、力学性能与耐硫酸盐侵蚀性能的影响，以及掺镍铁渣粉混凝土的耐久性能等。本书提出了镍铁渣粉活性的快速评价方法，阐明了镍铁（锂）渣粉在水泥混凝土中的作用机理，为混凝土及相关专业技术人员研究与应用镍铁（锂）渣粉等矿物掺和料提供了系统的理论指导。

深信本书的出版会推动镍铁（锂）渣粉等工业固废在水泥混凝土领域的进一步研究、应用与发展，期待更多研究人员深耕新型固体废物领域，开展更多原创工作，为我国建筑材料的绿色和低碳发展做出贡献。

中国工程院　刘加平院士

前言

PREFACE

近年来建筑业发展迅速，对混凝土的需求量巨大，导致天然砂石资源逐渐匮乏，使得混凝土中常用的优质矿物掺和料——矿渣粉、粉煤灰等供不应求。与此同时，我国每年会产生大量的新型工业废弃物，例如镍铁渣与锂渣，如果将这些废弃物合理地用到混凝土中，不仅具有良好的经济效益与社会效益，而且可以改善混凝土的诸多性能。

镍铁渣与锂渣粉能否取代矿渣与粉煤灰作为混凝土掺和料？其在应用中会给混凝土带来哪些影响？镍铁渣作为富镁工业废弃物，其对混凝土的安定性以及变形性能影响如何？锂渣作为富含石膏的工业废弃物，对混凝土的需水量、凝结时间以及长期体积稳定性等性能有何影响？镍铁渣、锂渣与常用矿渣掺和料在性能上有何不同？特别是作为我国第四大冶金渣的镍铁渣，如何快速评价其反应活性？镍铁渣、锂渣粉作为掺和料，在混凝土中的作用机理如何？以上这些问题都是工程应用中急需解决的实际问题。

本书主要编写分工如下：李保亮编写第1章、第2章、第4章、第6章、第8章、第10章，曹瑞林编写第3章、第5章、第9章，张亚梅编写第7章并负责指导、统稿、审阅、修订等。

感谢国家自然科学基金面上项目（51778132、51972057）、国家重点研发计划（2016YFE0118200）、973计划项目（2015CB65510）、中央高校基本科研业务费专项资金和江苏省研究生科研与实践创新计划项目（KYCX17_0068）等的支持。

由于作者水平有限，书中难免有疏漏与不当之处，敬请读者不吝赐教。

编　者

2023年1月

关于作者

ABOUT THE AUTHOR

李保亮，男，1983 年 8 月出生，中共党员，山东陵县人，工学博士，高级工程师，主要研究方向为固体废弃物在水泥基材料中的资源化利用。主要履历：2004 年 10 月至 2011 年 6 月在济南大学材料科学与工程专业攻读本科与硕士；2015 年 9 月进入东南大学材料学院张亚梅教授课题组攻读博士学位，并于 2019 年 9 月入职淮阴工学院建筑工程学院，从事土木工程材料教学与科研工作。主持江苏省产学研合作项目 1 项、企业合作项目 4 项，参与国家自然科学基金项目 2 项、973项目 1 项、中日政府间科技合作项目 1 项、国家重点研发计划 1 项等科研项目 10 余项。主要荣誉：曾获中国建筑材料联合会科技进步二等奖 1 项，中国商业联合会科技进步三等奖 1 项、江苏省建设科技创新成果三等奖 1 项、江苏省安监系统科技进步一等奖 1 项等 7 项科研奖励，获得发明专利 40 余项，发表论文 30 余篇，其中 SCI/EI 收录15 篇。

曹瑞林，男，1991 年 3 月生，中共党员，江苏海安人，工学博士，东南大学材料科学与工程学院至善博士后，江苏省首批卓越博士后，中国硅酸盐学会固废分会青年委员，国际材料与结构研究实验联合会 RILEM 会员，担任国际顶级期刊 Cement & Concrete Composites、Composites Part B-Engineering 审稿人；从事碱激发胶凝材料的水化机理和水泥基材料的微结构表征等相关研究工作；主持国家自然科学基金青年项目 1 项、东南大学前沿科学基金 1 项，作为骨干成员参与国家自然科学基金重点基金项目 1 项、面上项目 2 项和中日政府间科技合作项目 1 项；发表 SCI 收录论文 13 篇、EI 收录论文 2 篇。

张亚梅，女，1968 年 10 月生，中共党员，江苏如皋人，东南大学材料科学与工程学院教授、博士生导师、加拿大不列颠哥伦比亚大学（UBC）兼职教授，江苏省先进土木工程材料协同创新中心副主任，南京绿色增材智造研究院院长，东南大学"十佳我最喜爱的研究生导师"（2015 年），南京"科技顶尖专家聚集计划"入选人才；现为中国硅酸盐学会固废分会副理事长，中国硅酸盐学会固废分会 3D 打印学术委员会主任，中国土木工程学会再生混凝土分会副主任委员，中国混凝土与水泥制品协会预制混凝土构件分会专家委员和 3D 打印分会专家委员，RILEM RCA TC 副主席，fibTG3.10 和 fibcom.9 委员等；担任国际期刊 *Cement and Concrete Composites* 副主编；负责国家自然科学基金重点项目、重大工程应用项目、国际合作项目等 50 多项；曾获教育部科技进步二等奖、华夏建设科技一等奖等；主编及参编国家及行业标准等 10 余部。

目 录
CONTENTS

1 绪论

1.1 镍铁渣与锂渣的特性

1.1.1 镍铁渣

镍铁渣是炼镍过程中产生的含镁量较高的冶金渣。镍铁渣的主要矿物组成为镁橄榄石（forsterite：Mg_2SiO_4）、顽辉石（enstatite：$MgSiO_3$）和斜顽辉石（clinoenstatite：$MgSiO_3$），同时含有较多玻璃体相，且镍铁渣中氧化镁（MgO）的含量通常在 15.9% ~ 26.9%，并含有重金属离子铬（Cr）等。每年我国镍铁渣的排放量接近 3000 万 t，截至目前，我国镍铁渣的总排放量远超 1 亿 t[1]，而仅有 12% 左右[2]应用于回收有用元素[3-4]、制备微晶玻璃[5]、地质聚合物[6]、矿山回填材料[7]、混凝土矿物掺和料[8-9]、混凝土骨料[10-11]等，大量未处理镍铁渣的堆放不但占用农田，而且带来严重的环境污染问题，见图 1-1。而将这些废渣磨成粉，合理地应用在水泥基材料中则可以降低风险，但目前镍铁渣在水泥基材料中的利用率较低，主要原因如下：一是常温下镍铁渣水化活性较低；二是镍铁渣中 MgO 的含量较高，担心其会造成水泥基材料后期体积膨胀而开裂。另外，由于在水泥煅烧过程中 Cr^{3+} 有可能被氧化成 Cr^{6+}，而 Cr^{6+} 溶于水会对环境和人体健康造成危害等原因，镍铁渣已经被限制而不能用于制备水泥[9]。因此，如何科学、合理地利用镍铁渣这种水化活性低又具有高风险的冶金渣是目前冶金行业亟待解决的问题。镍铁渣的主要化学组成中，SiO_2 的含量为 30% ~ 54.5%，Fe_2O_3 为 6.4% ~ 43.8%，MgO 为 2.7% ~ 26.9%，CaO 为 1.5% ~ 12.0%，Al_2O_3 为 2.5% ~ 8.3%[2-3,12]。掺入水泥基材料中，镍铁渣中如此之多的 MgO 和 Fe_2O_3 能否参与水泥水化过程、对水泥基材料的性能影响如何尚不清楚。

1

图 1-1　堆积如山的镍铁渣

1.1.2　锂渣

锂渣是锂辉石矿石经过 1200℃ 高温焙烧后用硫酸法生产碳酸锂过程产生的副产品，即生产碳酸锂过程中，碳酸锂熟料经过浸出、过滤、洗涤后排出的残渣[13]。每生产 1t 碳酸锂约产生 10t 锂渣，现在每年锂渣排放量达 80 万 t 之多[14-15]，除一小部分用到建筑工程中外，其余均被露天堆放或填埋[15]，容易引起大风扬尘造成环境污染。同时由于锂渣含水率较高，锂渣中相关离子的溶出也容易污染地下水环境。锂渣中含有较多无定形的 Al_2O_3、SiO_2，活性较高，应用于混凝土中可以改善混凝土抗碳化性能[16]、早期抗裂性能[17]、抗冲磨性能[18] 及较低的氯离子渗透系数[19]。然而，当锂渣掺量较高时，混凝土需水量大，且对凝结时间影响较大。

锂渣的主要矿物组成为锂辉石（$LiAlSi_2O_6$）、石膏（$CaSO_4 \cdot 2H_2O$）和石英（SiO_2）；其化学组成中 CaO 含量为 3.6% ~ 12.1%，SiO_2 为 48.6% ~ 63.1%，Al_2O_3 为 14.0% ~ 20.7%，SO_3 为 4.5% ~ 9.3%，Fe_2O_3 为 1.0% ~ 1.8%，MgO 为 0.2% ~ 0.8%，K_2O 为 0.1% ~ 5%[16,20-21]。锂渣中较多的 SO_3 不仅会影响早期水泥的水化（提高水泥需水量），而且有可能在水泥水化后期形成延迟钙矾石（DEF），造成硬化水泥浆体开裂。虽然锂渣早期活性相对较高，但是锂渣的用量依然有限，如何科学有效地利用锂渣也是锂渣生产企业急需解决的问题。

1.2　镍铁渣与锂渣的研究现状

1.2.1　镍铁渣的研究现状

1. 矿山充填剂

对水淬镍铁渣进行机械磨细活化和激发剂化学活化后，85% 的矿井充填料均可用镍铁渣代替[22]，机械活化后镍铁渣结晶程度降低，晶格缺陷变大，颗粒变细，分散性更好[23]。常用的激发剂以脱硫石膏和电石渣为主激发剂、以硫酸钠和水泥熟料为辅助激发剂，在激发剂作用下，镍铁渣胶凝材料中的玻璃相和结晶态物质均可发生水化反应，水化产物主要为钙矾石和含 Ca^{2+}、Mg^{2+} 的硅（铝）酸盐凝胶[7]，完全满足矿山安全采矿对充填体强度的要求[24]。

2. 制备水泥

镍铁渣在水泥领域的应用包括两方面：一方面是镍铁渣代替铁粉、黏土等，作为水泥生料用于煅烧水泥熟料；另一方面是由于镍铁渣中 SiO_2 含量较高及其所表现出的火山灰效应，它可以代替熟料用作水泥混合材[25]。实际生产中，实施镍铁渣代替铁粉配料前后熟料的化学成分、率值及矿物组成与用铁粉配料生产的熟料物理性能基本相同，热耗略有降低，产量略有提高[26-27]。同时，由于镍铁渣含有较多的 Al_2O_3，还可以用来生产高铝水泥[28]。然而镍铁渣作为混凝土掺和料用于混凝土结构，其重金属元素铬浸出值远低于标准值[29]。也有研究者使用多种混合材复掺生产水泥，取得了良好的效果[9]，但是水泥会表现出较低的早期强度和较长的凝结时间，并且随着镍铁渣掺量的增加，水泥需水量降低，水泥胶砂流动度增加，而水泥的膨胀系数由于镍铁渣中较高氧化镁的存在而变大[9]。因此在水泥中使用镍铁渣粉作为混合材，也要控制在一定范围内，确保水泥的安定性合格。

由于镍铁渣中 Fe_2O_3 的含量较高，导致其易磨性较差[30]。同时文献[31] 指出，镍铁渣水化活性较低，其活性在短时间内难以激发，掺适量镍铁渣可以降低水泥干缩、提高抗硫酸盐侵蚀能力，并据此推断镍铁渣中的 Fe 是活性组分，能够替代 Al 参与形成 AFt 的反应，但并没有提供相应的证据，并且镍铁渣混凝土的抗冻性和抗碳化性与掺矿粉和 Ⅱ 级粉煤灰时相当[32]。然而也有研究表明，镍铁渣中的 MgO 存在于镁橄榄石（forsterite）中，性能较为稳定，不会参与水化，不贡献膨胀[8]。事实上，镍铁渣中的 MgO 能否反应，主要取决于镍铁渣的冶炼工艺（冶炼温度）、冷却制度、粉磨的细度，以及镍铁渣所处的环境（酸碱度、温度、蒸压制度等）。

在熔化的镍铁渣中加入石灰石，可以制得高钙镍铁渣，镍铁渣中石灰的含量由 4% 增加到 26% 时，可以显著提高其水硬活性，并能增加某些有色金属的回收量[33]。也有学者通过使用液态偏硅酸钠、硅酸钠等激发镍铁渣水泥，断裂其中—O—Si—O—Si—O—键和—O—Al—O—键来达到增强水泥强度的目的[34]。

3. 混凝土的制备

Choi 等[35-36]使用镍铁渣作为骨料制备混凝土时指出，镍铁渣骨料的碱活性因镍铁渣骨料的冷却速度、颗粒粒径而不同，快速水冷镍铁渣较空气慢冷镍铁渣碱活性高，用海砂代替部分镍铁渣或者用粉煤灰、矿粉取代部分水泥有助于降低镍铁渣骨料的碱活性。同时用作粗骨料对混凝土的坍落度和混凝土密度影响不大，且混凝土的抗压强度、抗折强度、弹性模量比对比样（普通混凝土）高，且干燥收缩小，界面与骨料间裂缝小。而用镍铁渣作为细骨料，会降低混凝土的流动性，但是防水性能与天然砂混凝土相同[37]。Shoya 等[38]研究了镍铁渣作为细骨料混凝土的抗冻融性能，结果表明，镍铁渣作为细骨料混凝土的抗冻融性能比天然砂混凝土差。

Noboru Yuasa 等[39]研究了镍铁渣骨料混凝土的热阻性能，结果表明，在加热到300℃后，镍铁渣骨料混凝土的质量损失、热收缩较小，抗压强度、抗拉强度、弹性模量降低幅度小，热阻性能良好。

单昌锋等[40]利用镍铁渣代替混凝土中部分细骨料，研究其不同添加量对 C20、C25 混凝土的和易性与减水剂相容性以及抗压强度等性能的影响。结果表明：镍铁渣取代部分砂不影响减水剂作用的发挥，但镍铁渣作为骨料在混凝土中应用时，需要检测其建筑材料放射性核素限量。

以镍铁渣为主要硅源制备加气混凝土时，抗压强度和抗折强度随着水料比的增大而降低，但存在气孔较大且分布不均、吸水率大等问题。通过 XRD 分析发现：蒸压镍铁渣基加气混凝土的水化产物为托贝莫来石、水化钙铁镏子石、RO 相等。而镍铁渣与粉煤灰混掺时蒸压加气混凝土中检测出的水化产物为托贝莫来石、Mg_2SiO_4、C_3MS_2 与 RO 相等[41]。

4. 地质聚合物材料

地质聚合物材料简称地聚物，是近年来发展起来的一种硅铝质无机胶凝材料，即含有多种非晶质至半晶质的类沸石三维铝硅酸盐矿物聚合物[42]。地聚物由碱激发铝硅酸盐物质所形成，具有优异的物化和机械性能。例如低密度，微观或者纳米尺度孔结构，较高的力学性能、热稳定性、耐火性和耐化学腐蚀性[43-45]，在未来有望取代水泥[46]。镍铁渣是制备地质聚合物的优质材料，在最佳条件下制备的地质聚合物可表现较高的致密性和较高的强度以及较低的吸水性[45]。Sakkas 等[42]用镍铁渣制备地质聚合物时发现，提高碱性激发剂硅酸钠与氢氧化钠的摩尔比，可以大幅度提高地质聚合物的强度，并且用氢氧化钾激发镍铁渣生成的地质聚合物比用氢氧化钠激发生成的地质聚合物的抗火性能好。Yang Tao 等[3]利用高镁镍铁渣和粉煤灰作为原料并用氢氧化钠和硅酸钠混合激发制备地质聚合物，并得出当镍铁渣代替粉煤灰 20% 时，聚合物具有较低的线性收缩和更密实的孔结构。K. Komnitsas 等[6]利用低钙镍铁渣与高岭石、硅酸钠、氢氧化钠及水制备地质聚合物，发现龄期是影响其强度的最主要因素。邵周军[47]利用高炉镍铁渣制备出具有多孔、高比表面积的地质聚合物材料，可有效吸附废水中的 Cu（Ⅱ）、Pb（Ⅱ）、Cr（Ⅵ）等重金属离子。王路星[48]利用磷酸、磷酸二氢钠和磷酸二氢钾等激发剂在常温条件下制备镍铁渣基磷酸盐胶凝材料，并利用其有效固化电解锰渣中的可溶性锰、氨氮以及伴生重金属离子，实现了镍铁渣的再生利用和电解锰渣的安全环保处置。

1.2.2 锂渣的研究现状

锂渣呈黄白色，外观类似矿渣，无水硬性，密度与粉煤灰类似，为 $2.4 \sim 2.5 g/cm^3$，比表面积大，其多孔结构使其对水有较大的吸附能力。因生产过程中经酸化调浆浸出处理，锂渣粉表面缺陷较多，其易磨性较好。

1. 制备水泥

由于锂渣中 SiO_2 和 Al_2O_3 的含量较高，因此可以代替黏土煅烧水泥，也可以作为水泥添加剂使用。采用锂渣作为矿物掺和料，掺量在 30% 以内时，活性指数较高，而且与密胺类混凝土减水剂和泵送剂有较好的适应性，但混凝土初、终凝时间较长，对含气量有较大影响。掺锂渣对水泥基材料 3d 强度影响较大，随着锂渣粉细度的增加，胶凝材料需水量增加，初凝时间缩短[49]，水泥胶砂的抗折、抗压强度均有所增加，激发剂对早期强度影响较大[50]。

锂渣在自然条件下没有水化硬化能力，通过添加不同碱激发剂制备的碱矿渣锂渣胶凝材料，强度等级与 32.5 ~ 52.5 级波特兰水泥相当，并具有优异的耐硫酸盐侵蚀、耐酸腐蚀性能[51]。

但是锂渣流动性差、比表面积大，同时含水率高使其既细又黏，从而使锂渣的烘干、入磨都较为困难。

2. 水泥改性剂

锂渣中的碱金属元素 Li、Na 和 K 等，以及锂渣中的 SO_3 可增强水泥混凝土早期强度，水泥混凝土凝结后具有微膨胀特性，可提高其抗渗特性。因此，锂渣常作为高强度等级水泥的添加剂和抗渗混凝土的添加剂[52]。

加入适量石灰及钙盐外加剂可改善锂渣的碱性和粉磨效果，通过机械粉磨，然后采用常压干湿热养护得到的物理改性粉体，可作为胶凝材料制作成轻质硅铝酸盐混凝土；锂渣中加入改性剂，经 1000℃ 左右煅烧，急速冷却后粉磨成一定细度的化学改性粉体。将该化学改性粉体加入碱矿渣砂浆中，能明显改善碱矿渣砂浆的性能，也可以作为碱矿渣加气混凝土主要组分之一，用于制备硅铝酸盐加气混凝土[53]。

3. 制备混凝土

（1）抗碳化、冻融性能。

锂渣可明显提高混凝土的强度，采用锂渣和其他工业废渣复合配制混凝土时，锂渣混凝土的抗碳化性较好：当锂渣和矿渣复合取代水泥50%时，混凝土28d未被碳化[13]。运用锂渣代替一部分水泥可配制出28d抗压强度为100MPa以上的高强泵送混凝土，锂渣单掺或与矿渣、石粉复合配制的混凝土能经受300次冻融循环而不破坏[16]。

（2）收缩、抗裂性能。

锂渣的最大掺量不宜超过45%，随着掺量的增加，收缩率增加不明显，但都较空白组小，当掺量在20%～30%时，其力学、抗裂性能较好；锂渣掺入混凝土后，细化了混凝土的凝胶孔，提高了其密实度，且在混凝土中形成了一定量的AFt，改善了其抗裂、力学性能[15]。在相同条件下，复掺锂渣、粉煤灰的高性能混凝土的早期抗裂性能优于普通水泥混凝土，锂渣细度的适度增加会在一定程度上提高混凝土的早期抗裂性能[17]。在30%再生骨料（RCA）替代率下，20%掺量的锂渣可优化再生混凝土的孔隙结构，促进其内部结构致密化与孔隙分布均匀化，有利于再生混凝土收缩、抗裂性能的提高[54]。

（3）抗冲磨性能。

相同掺量（10%）的锂渣混凝土与硅粉混凝土相比，抗压、抗拉强度相近，抗冲击强度28d提高31%、90d提高22%，抗冲击性能明显优于硅粉混凝土，早期干缩明显小于硅粉混凝土[18]。

（4）安定性。

锂渣掺量大于等于胶凝材料总量的75%时，水泥-锂渣浆体表现出假凝现象；大于胶材总量的85%时，其体积安定性不良[55]。

（5）氯离子渗透系数、徐变。

锂渣和钢渣总掺量在35%～55%之间时，其氯离子渗透系数和抗压强度都较空白组好。掺锂渣混凝土的徐变变形随龄期的变化规律与普通混凝土相似，且各龄期徐变度和徐变系数皆较基准试样小[19,56]。

同样，锂渣-水泥砂浆体系的吸水率均低于粉煤灰-水泥砂浆体系，锂渣-水泥砂浆的28d电通量值低于纯水泥的电通量值，并随着掺量的增加而降低，各掺量锂渣的zeta电位绝对值总体上高于各掺量粉煤灰电位值，锂渣在碱性环境下较粉煤灰的颗粒分散性能好[57]。锂渣复合粉煤灰高性能混凝土中锂渣的最佳掺量范围在 10% ~ 15%，在掺量为 50%时，锂渣复合粉煤灰高性能混凝土的抗压强度、氯离子扩散系数和早期收缩性能都有好的表现；添加锂渣和粉煤灰掺和料混凝土的早期抗氯离子扩散系数优于普通混凝土[58]。

（6）复掺锂渣和钢渣。

在最优水胶比条件下复掺锂渣和钢渣的高性能混凝土在 28d 及更长龄期时的抗压强度均高于常规水泥混凝土和单掺锂渣混凝土[59]。混凝土早期抗裂性能随着锂渣掺量的增加先降低后提高，随着钢渣掺量的增加而降低，在水胶比为 0.35、锂渣掺量为 30%、钢渣掺量为 15% 时，混凝土的早期抗裂性能最好，并且锂渣细度的增加能够使混凝土的早期抗裂性能先提高后降低[60]。此外，复掺锂渣和钢渣可有效调控新拌水泥浆体的流动性和凝结时间[61]。

（7）锂盐与矿渣、粉煤灰、石灰石粉以及硅灰制备复合粉体。

采用锂盐、矿渣、粉煤灰、石灰石粉以及硅灰制备复合粉体作为掺和料制备混凝土时，锂渣单独掺入，对混凝土的坍落度产生不利影响，但与硅灰、石灰石粉复合时，混凝土的工作性得到显著提高，锂渣与粉煤灰或者矿渣复合掺入混凝土中，早期强度表现出下降趋势，但是 60d 强度发展较好[62]。10% 的石灰石粉和 10% 的锂渣复合显示出优良的复合效应，可代替矿渣、硅灰制备超早强、高强与超高强混凝土[63]。

（8）抑制 ASR。

锂渣粉会导致砂浆或者混凝土在早期发生微膨胀，测试锂渣粉抑制 ASR 的效果时，需分离这种微膨胀；锂渣粉掺量为 30% 以上时，可有效抑制砂岩骨料的 ASR，抑制效果约为 89%[64]。

（9）碱激发、微波活化。

碱激发矿渣-锂渣混凝土具有良好的工作性，随着硅酸钠溶液与胶凝材料质量比的增大，碱激发矿渣-锂渣混凝土的抗压强度总体呈下降趋势。当锂渣掺量为 10% ~ 50% 时，碱激发矿渣混凝土的早期及后期抗压强度都有所提高；当锂渣掺量为 20% 时，其增强效果最明显。磨细的锂渣能填充碱激发矿渣混凝土的孔隙，增强其致密性，提高其抗氯离子渗透性[65]。锂渣胶凝材料的激发剂以 $Al_2(SO_4)_3 \cdot 18H_2O$、$Na_2SO_4 + Ca(OH)_2$ 效果较好[66]。微波活化锂渣可以大幅度减少硫铝酸盐水泥的初、终凝时间，并能提高其早期抗压强度[67]。以锂渣、矿渣为原材料，利用碱激发技术制备的人造骨料具有较高的抗压强度，同时，碱激发锂渣人造骨料具有多孔的内部结构，可作为潜在的混凝土内养护载体。以上性能使该碱激发锂渣骨料在轻质混凝土中应用具有潜在的前景[68]。

1.3　镍铁渣与锂渣目前存在的问题

1.3.1　镍铁渣

虽然镍铁、渣可以替代部分铁粉、黏土等作为水泥生料用于煅烧水泥熟料，也可以用作混凝土矿物掺和料以及用于制备地质聚合物材料，但是镍铁渣粉在应用时仍然存在较多问题急需解决：

镍铁渣中含量较多的 MgO 和 Fe_2O_3 主要以何种形式存在？镍铁渣中的 MgO 和 Fe_2O_3 能否参与水泥水化过程？对水泥基材料的性能影响如何？采用何种方式可以提高（激发）镍铁渣的活性特别是 MgO 和 Fe_2O_3 的活性？将镍铁渣作为掺和料是有效利用镍铁渣的方法之一，但是如何快速评价镍铁渣粉的活性，目前较少有相关报道；另外，镍铁渣中存在较高含量的重金属离子 Cr，虽然已有文献证明其溶出量低于标准限值[69-70]，但是使用的安全性仍然值得重视。

1.3.2　锂渣

尽管锂渣的早期活性较高，作为掺和料在一定掺量内可以提高混凝土的抗渗性、抗碳化性能、抗裂性能、抗冲磨性能以及降低混凝土收缩性能，但锂渣粉同样存在较多问题亟待解决：

（1）锂渣中含有较多的 SO_3，在掺量较多时能否导致延迟钙矾石的产生？锂渣中如此多的 SO_3 对混凝土耐久性特别是长期体积稳定性、硫酸盐侵蚀性能的影响如何，报道较少。

（2）锂渣中较多的 Al_2O_3 是否会对混凝土耐久性特别是硫酸盐侵蚀性能造成影响？

（3）锂渣中是否会有其他成分对水泥水化造成影响（例如 CO_3^{2-}）？

参考文献

[1] XI B, LI R, ZHAO X, et al. Constraints and opportunities for the recycling of grow-ing ferronickel slag in China [J]. Resources, Conservation and Recycling, 2018, 139：15-16.

[2] 盛广宏，翟建平. 镍工业冶金渣的资源化[J]. 金属矿山，2005（10）：68-71.

[3] YANG T, YAO X, ZHANG Z. Geopolymer prepared with high-magnesium nickel slag：Characterization of properties and microstructure [J]. Construction and Building Materials, 2014, 59：188-194.

［4］ MITRAŠINOVIĆ A M, WOLF A. Separation and recovery of valuable metals from nickel slags disposed in landfills［J］. Separation Science and Technology, 2015, 50 (16): 2553-2558.

［5］ WANG Z, NI W, JIA Y, et al. Crystallization behavior of glass ceramics prepared from the mixture of nickel slag, blast furnace slag and quartz sand［J］. Journal of Non-Crystalline Solids, 2010, 356 (31): 1554-1558.

［6］ KOMNITSAS K, ZAHARAKI D, PERDIKATSIS V. Geopolymerisation of low calcium ferronickel slags［J］. Journal of Materials Science, 2007, 42 (9): 3073-3082.

［7］ 王佳佳, 刘广宇, 倪文, 等. 激发剂对金川水淬二次镍渣胶结料强度的影响［J］. 金属矿山, 2013 (4): 159-163.

［8］ RAHMAN M A, SARKER P K, SHAIKH F U A, et al. Soundness and compressive strength of Portland cement blended with ground granulated ferronickel slag［J］. Construction and Building Materials, 2017, 140: 194-202.

［9］ LEMONIS N, TSAKIRIDIS P E, KATSIOTIS N S, et al. Hydration study of ternary blended cements containing ferronickel slag and natural pozzolan［J］. Construction and Building Materials, 2015, 81: 130-139.

［10］ SAHA A K, SARKER P K. Expansion due to alkali-silica reaction of ferronickel slag fine aggregate in OPC and blended cement mortars［J］. Construction and Building Materials, 2016, 123: 135-142.

［11］ SAHA A K, SARKER P K. Compressive strength of mortar containing ferronickel slag as replacement of natural sand［J］. Procedia Engineering, 2017, 171: 689-694.

［12］ KOMNITSAS K, ZAHARAKI D, PERDIKATSIS V. Effect of synthesis parameters on the compressive strength of low-calcium ferronickel slag inorganic polymers［J］. Journal of Hazardous Materials, 2009, 161 (2): 760-768.

［13］ 张兰芳. 高性能锂渣混凝土的试验研究［J］. 辽宁工程技术大学学报, 2007, 26 (6): 877-880.

［14］ 李红英, 游锦新. 锂渣利用的进展［J］. 新疆有色金属, 2003, 10 (5): 65-67.

［15］ 吴福飞, 陈亮亮, 侍克斌, 等. 锂渣高性能混凝土的性能与微观结构［J］. 科学技术与工程, 2015, 15 (12): 219-222.

［16］ 张兰芳. 锂渣混凝土的试验研究［J］. 混凝土, 2008 (4): 44-46.

［17］ 杨恒阳, 周海雷, 侍克斌, 等. 锂渣、粉煤灰高性能混凝土早期抗裂性能试验研究［J］. 混凝土, 2012 (1): 65-67.

［18］ 丁建彤, 石泉, 安普斌, 等. 锂渣粉在抗冲磨混凝土中的应用研究［C］//中国土木工程学会. 第七届全国混凝土耐久性学术交流会论文集.

［19］ 吴福飞, 侍克斌, 董双快. 不同加载量下锂渣钢渣复合混凝土的渗透特性［J］. 中国农村水利水电, 2014 (8): 142-145.

［20］ 张磊, 吕淑珍, 刘勇, 等. 锂渣粉对水泥性能的影响［J］. 武汉理工大学学报, 2015, 37 (03): 23-27.

［21］谷丽娜．路用 C50 锂渣混凝土的配制与力学性能研究［J］．混凝土与水泥制品，2012（9）：22-23.

［22］LI KEQING, ZHANG YANGYI, ZHAO PENG, et. al. Activating of nickel slag and preparing of cementitious materials for backfilling［J］. Advanced Materials Research, 2014, 936: 1624-1629.

［23］司伟，高宏，姜姐，等．机械活化镍铁尾矿的酸浸工艺研究［J］．矿产综合利用，2010（3）：3-6.

［24］杨志强，高谦，王永前，等．利用金川水淬镍渣尾砂开发新型充填胶凝剂试验研究［J］．岩土工程学报，2014，36（8）：1498-1506.

［25］S J Barnett, M N Soutsos, S G Millard, et al. Strength development of mortars containing ground granulated blast-furnace slag: Effect of curing temperature and determination of apparent activation energies［J］. Cement and Concrete Research, 2006, 36: 434-440.

［26］崔凤源．镍渣代铁粉配料在立筒预热器窑上的应用［J］．水泥，2004（8）：25.

［27］赵素霞，李健生，江帆．用镍渣代替铁粉配料煅烧水泥熟料［J］．河南建材，2003（4）：25-29.

［28］DOURDOUNIS E, STIVANAKIS V, ANGELOPOULOS, et al. High-alumina cement production from FeNi-ERF slag, limestone and diasporic bauxite［J］. Cement and Concrete Research, 2004, 34（6）: 941-947.

［29］KATSIOTIS N S, TSAKIRIDIS P E, VELISSARIOU D, et al. Utilization of ferronickel slag as additive in portland cement: a hydration leaching study［J］. Waste and Biomass Valorization, 2015, 6（2）: 177-189.

［30］杨全兵，罗永斌，张雅钦，等．镍渣的粉磨特性和活性研究［J］．粉煤灰综合利用，2013（2）：23-26.

［31］肖忠明，王昕，霍春明，等．镍渣水化特性的研究［J］．广东建材，2009（9）：9-12.

［32］宋留庆，王峰，聂文海，等．辊磨粉磨镍铁渣粉用作混凝土掺合料的性能研究［J］．水泥技术，2016（02）：28-30，34.

［33］欧树坚．用高钙镍渣生产矿渣水泥［J］．建材工业信息，1986（6）：1.

［34］PANKRATOV V L, KAUSHANSKII V E, SHELUD'KO V P. Study of the properties of slag-alkali cements based on nickel slags［J］. Journal of Applied Chenistry USSR, 1986, 59: 4.

［35］CHOI Y C, CHOI S. Alkali-silica reactivity of cementitious materials using ferronickel slag fine aggregates produced in different cooling conditions［J］. Construction and Building Materials, 2015, 99: 279-287.

［36］YANG T, ZHANG Z, WANG Q, et al. ASR potential of nickel slag fine aggregate in blast furnace slag-fly ash geopolymer and Portland cement mortars［J］. Construction and Building Materials, 2020, 262: 119990.

［37］TOGAWA K, SHOYA M, KOKUBU K. Characteristics of bleeding freeze-thaw resistance and watertightness of concrete with ferro-nickel slag fine aggregates [J]. Journal of the Society of Materials Science Japan, 1996, 45 (1): 101-109.

[38] SHOYA M, SUGITA S, TSUKINAGA Y. Special Issue on Structural Materials: Freeze-thaw resistance of concrete incorporating ferro-nickel slag fine aggregates [J]. Journal of the Society of Materials Science Japan, 1994, 43 (491): 976-982.

[39] YUASA N, KASAI Y, MATSUI I. Development of heat-resistant concrete with ferro-nickel salg [C] //Proceedings of the Beijing International Symposium on Cement and Concrete (Volume 2), 1998.

[40] 单昌锋, 王健, 郑金福, 等. 镍渣在混凝土中的应用研究[J]. 硅酸盐通报, 2012, 31 (5): 1263-1268.

[41] 吴其胜, 光鉴森, 诸华军, 等. 利用镍渣制备加气混凝土砌块的研究 [C] // 中国硅酸盐学会. 中国硅酸盐学会水泥分会第五届学术年会论文摘要集.

[42] SAKKAS K, NOMIKOS P, SOFIANOS A, et al. Utilisation of feni-slag for the production of inorganic polymeric materials for construction or for passive fire Protection [J]. Waste and Biomass Valorization, 2014, 5 (3): 403-410.

[43] JAARSVELD J G S V, DEVENTER J S J V, LUKEY G C. The effect of composition and temperature on the properties of fly ash and kaolinite-based geopolymers [J]. Chemical Engineering Journal, 2002, 89 (1/2/3): 63-73.

[44] PALOMO A, GRUTZECK M W, BLANCO M T. Alkali-activated fly ashes: A cement for the future [J]. Cement and Concrete Research, 1999, 29 (8): 1323-1329.

[45] MARAGKOS I, GIANNOPOULOU I P, PANIAS D. Synthesis of ferronickel slag-based geopolymers [J]. Minerals Engineering, 2009, 22 (2): 196-203.

[46] PROVIS J L, DUXSON P, HARREX R M, et al. Valorisation of fly ashes by geopolymerisation [J]. Global Nest Journal, 2009, 11 (2): 147-154.

[47] 邵周军. 高炉镍铁渣基地聚合物多孔材料制备及 Cu (Ⅱ)、Pb (Ⅱ)、Cr (Ⅵ) 离子吸附性能研究[D]. 昆明: 昆明理工大学, 2021.

[48] 王路星. 镍铁渣基磷酸盐胶凝材料制备及其固化电解锰渣研究[D]. 昆明: 昆明理工大学, 2021.

[49] 张磊. 锂渣粉对水泥性能的影响[J]. 武汉理工大学学报, 2015, 37 (3): 23-27.

[50] TAN H, LI X, HE C, et al. Utilization of lithium slag as an admixture in blended cements: Physico-mechanical and hydration characteristics [J]. Journal of Wuhan University of Technology (Material Science Edition), 2015, 30 (1): 129-133.

[51] 石宁. 碱-矿渣-锂渣胶凝材料研究[D]. 重庆: 重庆大学, 2005.

[52] 曾祖亮. 锂渣的来源和锂渣混凝土的增强抗渗机理探讨[J]. 四川有色金属, 2000 (4): 49-52.

[53] 陈鹏. 改性锂渣硅铝酸盐混凝土研究[D]. 重庆: 重庆大学, 2007.

[54] 陈洁静, 秦拥军, 肖建庄, 等. 基于 CT 技术的掺锂渣再生混凝土孔隙结构特

征[J].建筑材料学报，2021，24（06）：1179-1186.

[55] 吴福飞，侍克斌，董双快，等.锂渣、钢渣混凝土的体积安定性[J].混凝土，2014（5）：77-79.

[56] 刘来宝.掺锂渣C50高性能混凝土的力学与徐变性能[J].公路，2012（6）：216-218.

[57] 李梅.锂渣粉及粉煤灰对水泥基材料氯离子渗透性的影响研究[D].乌鲁木齐：新疆大学，2014.

[58] 周海磊.锂渣复合粉煤灰混凝土抗氯离子渗透及早期收缩性能的试验研究[D].乌鲁木齐：新疆农业大学，2012.

[59] 李志军，魏祖涛.锂渣、钢渣高性能混凝土强度的试验研究[J].水资源与工程学报，2014，25（3）：165-169.

[60] 李志军，侍克斌，努尔开力·依孜特罗甫.锂渣、钢渣高性能混凝土早期抗裂性能试验研究[J].混凝土，2013（2）：25-27.

[61] 李茂森，江金萍，刘怀，等.锂渣和钢渣对水泥浆体力学性能与微观结构的影响[J].硅酸盐通报，2022，41（06）：2098-2107.

[62] 温和.锂盐渣复合粉体制备与混凝土研究[D].重庆：重庆大学，2006.

[63] 陈剑雄，李鸿芳，陈鹏，等.石灰石粉锂渣超早强超高强混凝土研究[J].硅酸盐通报，2007，26（1）：190-193.

[64] 丁建彤，白银，蔡跃波.锂渣粉对碱-硅反应的抑制效果及其自身微膨胀的分离[J].河海大学学报（自然科学版），2008，36（6）：824-827.

[65] 张兰芳，陈剑雄，李世伟.碱激发矿渣-锂渣混凝土试验研究[J].建筑材料学报，2006，9（4）：488-492.

[66] 黄快忠，李相国，龚明子.物理化学激发对锂渣胶凝材料性能的影响［C］//吴文贵，冯乃谦.第三届两岸四地高性能混凝土国际研讨会论文集.北京：中国建材工业出版社，2012.

[67] 奚浩.微波激活锂渣对硫铝酸盐水泥促凝效果的影响[D].南京：南京理工大学，2014.

[68] 董必钦，罗小龙，田凯歌，等.碱激发锂渣人造骨料的制备和性能表征[J].材料导报，2021，35（15）：15011-15016.

[69] 苏青，谢红波，陈哲，等.电炉镍铁渣重金属浸出研究[J].硅酸盐通报，2021，40（04）：1312-1317.

[70] CAO R, JIA Z, ZHANG Z, et al. Leaching kinetics and reactivity evaluation of ferronickel slag in alkaline conditions ［J］. Cement and Concrete Research, 2020, 137：106202.

2 镍铁渣砂和镍铁渣粉的组成与性能

2.1 引言

为了降低镍铁渣粉磨能耗，降低在水泥混凝土中利用镍铁渣时的安全风险，且从根本上了解镍铁渣在水泥混凝土中的水化机理，本章按粒形、粒径等对镍铁渣砂进行分类，系统分析了镍铁渣砂和镍铁渣粉的组成特性，以期指导对镍铁渣的正确和高效利用。

2.2 镍铁冶炼工艺

镍铁的冶炼过程即是从镍铁矿石中或其他原料中提取镍或镍铁合金等的过程。目前冶炼镍铁的矿石主要为红土镍矿（总储量约 16100 万 t，占世界总储量的 72.2%）与硫化镍矿（总储量约 6200 万 t，占世界总储量的 27.8%）。我国主要依靠进口红土镍矿进行镍铁冶炼[1-3]。

镍铁的冶炼方法主要分为火法冶炼与湿法冶炼两种，我国目前以火法冶炼为主。红土镍矿的火法冶炼又分为鼓风炉、高炉、矿热炉（电弧炉）与回转窑粒铁熔炼，其中，矿热电炉镍铁冶炼和高炉镍铁冶炼是目前主要的冶炼工艺，且电弧炉镍铁冶炼得到的镍铁的含镍量一般比较高。根据以上两种冶炼工艺产生的固体废弃物即为电弧炉镍铁渣与高炉镍铁渣[1-3]。

与高炉镍铁渣相比，电弧炉镍铁渣中 CaO 的含量低，但是 MgO 的含量较高，作为混凝土辅助胶凝材料使用活性更低，更难处理。本章主要介绍的是电弧炉镍铁渣。

2.3 镍铁渣砂的性能

2.3.1 镍铁渣砂的分类

根据冷却工艺不同，镍铁渣砂可分为空气冷镍铁渣砂和水冷镍铁渣砂[4]，作为掺和料使用时，水冷镍铁渣砂活性更高。空气冷镍铁渣砂颜色较浅，为土黄色[4]；而水冷镍铁渣砂主要为青黑色，其外观主要为球形（图 2-1），表面坚硬、光滑，作为混凝土骨料使用时有利于提高混凝土流动度和降低混凝土单位体积需水量。因生产工艺不同，不同厂家空气冷镍铁渣砂和水冷镍铁渣砂的粒径有较大不同。

图 2-1　水冷镍铁渣砂外观形貌

　　水冷镍铁渣砂形貌除球形外（图 2-1），还有少量多孔状 [图 2-2（a）、图 2-2（b）]、纤维状 [图 2-2（c）、图 2-2（d）] 和扁平碎石状 [图 2-2（e）、图 2-2（f）] 等形貌。由于后三种镍铁渣砂粒形较差，宜磨碎后作为混凝土掺和料使用，或与其他砂搭配作为混凝土骨料使用。

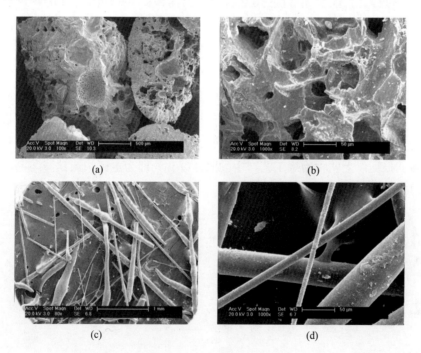

(a)　　　　　　　　　　(b)

(c)　　　　　　　　　　(d)

(e)

(f)

图 2-2 镍铁渣砂外观形貌

（a）、（b）多孔状镍铁渣砂；（c）、（d）纤维状镍铁渣砂；（e）、（f）扁平碎石状镍铁渣砂

2.3.2 镍铁渣砂的化学组成

由于水冷镍铁渣砂目前应用较多，接下来介绍的镍铁渣砂的化学组成与矿物组成以水冷镍铁渣砂为主。选取粒径小于 0.15mm、粒径 0.15~4.75mm、粒径大于 4.75mm 等水冷镍铁渣砂颗粒以及纤维状镍铁渣砂颗粒测试其化学组成，结果见表 2-1。可见，颗粒大小对镍铁渣化学组成的影响不大，其主要组成仍然是氧化硅、氧化镁、氧化铝、氧化铁等，但是纤维状镍铁渣砂中的氧化铁含量、氧化铬含量以及氧化镍含量均较水冷球形镍铁渣砂中的高。而多孔状、扁平碎石状镍铁渣砂与球形镍铁渣砂化学组成相近，因此文中未列出。

表 2-1 镍铁渣砂氧化物组成分析　　　　　%

镍铁渣砂粒径及种类	SiO_2	MgO	Al_2O_3	CaO	Fe_2O_3	P_2O_5	K_2O	TiO_2	MnO	SO_3	Cr_2O_3	V	Cl	Na_2O	NiO
<0.15 mm	53.95	17.88	8.82	6.53	9.41	1.02	0.44	0.28	0.63	0.32	0.59	0.01	0.01	0	0.11
0.15~4.75mm	50.42	20.72	8.09	5.98	8.48	1.07	0.29	0.23	0.60	0.20	0.52	0.01	0.06	3.31	0.02
>4.75 mm	53.22	19.72	8.26	5.99	9.69	1.09	0.25	0.23	0.66	0.26	0.61	0.01	0	0	0.01
纤维状镍铁渣砂	47.38	18.98	6.47	5.60	16.04	0.89	0.20	0.17	0.69	0.30	1.94	0.01	0.35	0	0.98

2.3.3　镍铁渣砂的矿物组成

选取一粒径大于 4.75mm 的镍铁渣砂扁平面进行 XRD 测试，结果如图 2-3（a）所示。将粒径大于 4.75mm 的镍铁渣砂颗粒用研钵研磨至粒径小于 0.08mm 后进行 XRD 测试，结果如图 2-3（b）所示。由图中玻璃体相峰包与底线之间的面积可知，粒径大于 4.75mm 的镍铁渣砂在未粉磨前颗粒表面玻璃体含量较多，而粉磨后玻璃体含量变少。这是由于在高压水急冷条件下，大颗粒表面首先得到冷却，冷却速度较快，而颗粒内部由于被包裹住，冷却较慢。此结果与文献［4］一致，因此，在使用镍铁渣砂替代砂时，宜搭配粉煤灰等使用，以降低镍铁渣砂碱-骨料反应带来的影响[4]。

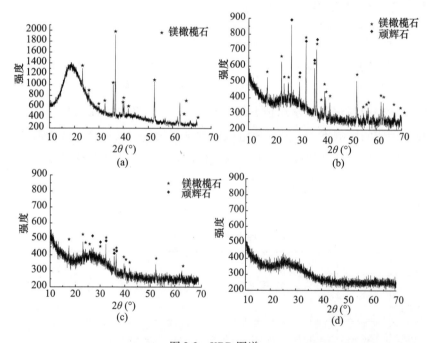

图 2-3　XRD 图谱

（a）粒径大于 4.75mm 的镍铁渣砂颗粒表面；（b）粒径大于 4.75mm 的镍铁渣砂磨细至 0.08mm；
（c）粒径 0.15～4.75mm 的镍铁渣砂；（d）粒径小于 0.15mm 的镍铁渣砂

图 2-3（c）和图 2-3（d）分别为 0.15～4.75mm 和小于 0.15mm 粒径水冷镍铁渣球形砂在粉磨后的 XRD 图。由图 2-3（b）～图 2-3（d）可见，大于 4.75mm 粒径镍铁渣砂［图 2-3（b）］和 0.15～4.75mm 粒径镍铁渣砂［图 2-3（c）］中矿物晶体相较多，而小于 0.15mm 粒径镍铁渣砂中矿物晶体相较少，几乎均为玻璃体［图 2-3（d）］，这是由于小颗粒镍铁渣砂在水冷的过程中冷却较快，而大粒径镍铁渣砂冷却较慢。另外，各粒径范围的镍铁渣砂的化学组成并没有较大不同，见

表2-1，因此，镍铁渣砂在使用过程中可以分类使用，即大粒径（例如大于0.15mm）镍铁渣砂代砂使用，而小粒径（例如小于0.15mm）镍铁渣砂可以磨细后作为混凝土掺和料使用。

另外，从XRD分析结果可见，镍铁渣中的MgO和Fe_2O_3主要存在两种形式：一种是晶体相［图2-3（b）、图2-3（c）中大于0.15mm的镍铁渣砂］，即存在于镁橄榄石等相中；另外一种是无定形玻璃体相［图2-3（d）中小于0.15mm的镍铁渣砂］，没有游离MgO存在，因此镍铁渣砂掺入混凝土中不会带来安定性问题。

镍铁渣砂中的MgO能否反应主要取决于其冶炼温度、冷却速度、粉磨细度和水化环境等。冶炼温度在850～1200℃时，MgO可以在180d内发生反应；冶炼温度在1500～1800℃时，MgO直到1000d才会反应；冶炼温度高于1800℃时，MgO在6～8年才会水化[5]。国外一些镍铁渣砂冶炼厂的冶炼温度在1500～1600℃之间[6]，而我国一些厂家的冶炼温度只有1000～1200℃，因此我国生产的镍铁渣砂中MgO活性相对较高。冷却速度是决定镍铁渣砂活性，同时也是决定MgO活性的一个重要因素。冷却速度越快，矿物相结晶越不完整，无定形相越多［图2-3（d）］，活性也就越高；反之，矿物结晶相越多［图2-3（b）和图2-3（c）］。粒化高炉矿渣砂的冷却速度较快时，其MgO主要存在于玻璃体相中，在碱激发条件下，可以生成水滑石等水化产物[7]；冷却速度较慢时，MgO则主要存在于镁橄榄石等晶体相中，而镁橄榄石在常温条件下较为稳定[8]，难以反应，因此不存在MgO引起混凝土后期膨胀的问题。与粒化高炉矿渣砂相似，通过提高镍铁渣砂的粉磨细度，可以使含MgO的矿物相晶格产生错位、缺陷和重结晶等，从而提高其活性。此外，水化环境特别是蒸养80℃可以提高轻烧MgO的活性，并且可以使其在30d内达到完全水化[5]；压蒸同样可以显著加速MgO的水化[9]，因此，美国材料与试验协会（American Society for Testing Materials，ASTM）及相关标准均采用压蒸法（在216℃和2MPa蒸汽条件下蒸养3h）来评价含MgO水泥的安定性。

小粒径镍铁渣砂中的MgO及Fe_2O_3主要存在于玻璃体相中，其活性较在晶体相中高。尽管上述研究表明镍铁渣砂中不存在游离MgO，但是由于镍铁渣砂的冶炼工艺不同，镍铁渣砂矿物原料中又含有较高的MgO，因此，在镍铁生产中难免会产生带有游离MgO的镍铁渣砂，因此，在镍铁渣砂使用前均需要经过体积安定性检验。

由于多孔状、扁平碎石状镍铁渣砂的矿物组成与球形镍铁渣砂没有明显不同，因此文中没有列出其结果。纤维状镍铁渣砂的矿物组成与球形镍铁渣砂略有不同，见图 2-4。由于纤维状镍铁渣砂的化学组成中 Fe_2O_3 和 Ni 含量较高，因此其矿物晶体相主要以镍铁合金为主，其 MgO 和 Fe_2O_3 主要存在于无定形玻璃体中。

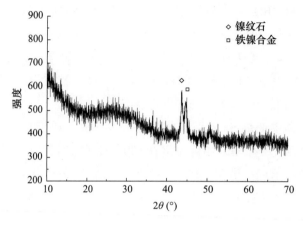

图 2-4　纤维状镍铁渣砂 XRD 图谱

2.3.4　镍铁渣砂的级配、吸水率和压碎值

筛除大于 4.75mm 的镍铁渣砂后，按照《普通混凝土用砂、石质量及检验方法标准》（JGJ 52—2006）测试镍铁渣砂的颗粒级配，结果见图 2-5。镍铁渣砂的级配基本处于上述标准中 Ⅱ 区砂的上限之上，粗颗粒较多，因此，在代砂使用时，镍铁渣砂需要经过筛分或者与天然砂搭配使用。

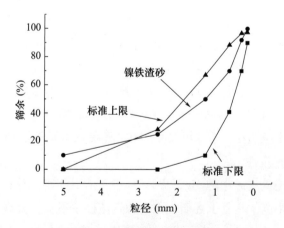

图 2-5　镍铁渣砂的颗粒级配

镍铁渣砂的吸水率较低，约为 0.12%，这是镍铁渣砂表面较为光滑坚硬所致（图 2-1）。

镍铁渣砂在不同粒径范围内的压碎值结果如下：2.50~5.00mm 镍

铁渣砂压碎值为 17.3%，而 1.25 ~ 2.50mm、0.63 ~ 1.25mm 和 0.32 ~ 0.63mm 镍铁渣砂的压碎值分别为 4.9%、1.8% 和 1.3%。可见，镍铁渣砂的粒径越大，压碎值越大。为查明其原因，对镍铁渣砂大颗粒断面进行了 SEM 观察，发现大粒径镍铁渣砂中含有较多气孔，如图 2-6 所示。

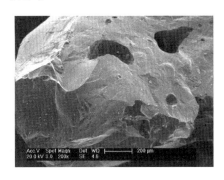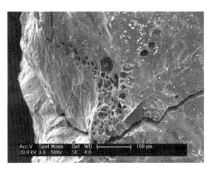

图 2-6　大颗粒镍铁渣砂表面形貌

2.4　镍铁渣粉的性能

2.4.1　镍铁渣粉的化学组成

利用 XRF 分析镍铁渣粉的化学组成，结果见表 2-2。可见，镍铁渣粉的主要化学组成以氧化硅、氧化镁、氧化铁、氧化钙为主，而氧化铝含量较少。镍铁渣粉中的氧化钙含量仅有 11.49%，远低于矿渣粉与钢渣粉中氧化钙的含量。按照标准《用于水泥中的粒化高炉矿渣》（GB/T 203—2008）中公式（% CaO + % MgO + % Al$_2$O$_3$）／（% SiO$_2$ + % TiO$_2$ + % MnO）计算得到的镍铁渣质量系数为 0.71，说明镍铁渣的活性较低。

表 2-2　镍铁渣粉的典型化学组成　　　　　　　　　　　　　%

SiO$_2$	MgO	Al$_2$O$_3$	CaO	Fe$_2$O$_3$	P$_2$O$_5$	K$_2$O	TiO$_2$	MnO	SO$_3$	Cr$_2$O$_3$	Na$_2$O	NiO
47.61	15.94	6.56	11.49	13.24	1.86	0.18	0.24	0.81	0.52	0.7	0.66	0.19

镍铁渣粉与水按 1：10 比例混合而成的悬浊液的 pH 为 8.7，呈现弱碱性，但是镍铁渣粉无自凝结性能，即镍铁渣粉与水不反应。

2.4.2　镍铁渣粉的物相组成

镍铁渣粉的化学组成和矿物组成与不同粒径镍铁渣砂的区别较小，分别见表 2-2 和图 2-7。利用 XRD/Rietveld 方法分析的镍铁渣中镁橄榄石、顽辉石以及无定形相的含量分别约为 49.69%、20.19% 与 30.12%，较高的玻璃体含量保证了镍铁渣粉后期较高的水化活性。

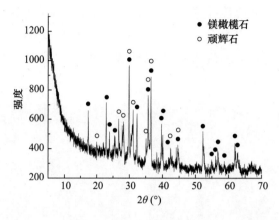

图 2-7　镍铁渣粉的 XRD 图

图 2-8 镍铁渣粉的热重分析结果显示，在扣除 60℃ 之前的自由水后，镍铁渣粉的烧失量只有 1.2%，而且镍铁渣含有少量碳酸盐，但含量较少（其在 600 ~ 800℃ 温度区间的失重只有 0.35%）。由于制备工艺的不同，不同镍铁渣粉中碳酸盐的含量也不同。与粒化高炉矿渣相似[10]，碳酸盐的存在可能影响镍铁渣水泥基复合胶凝材料中水化产物的组成[11]。而镍铁渣粉中碳酸盐的存在可能与镍铁渣粉在冶炼过程中引入的杂质以及镍铁渣粉在粉磨过程中加入的助磨剂、激发剂等有关。

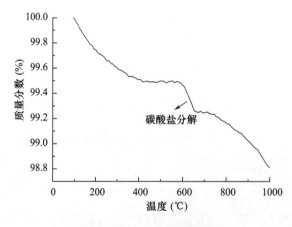

图 2-8　镍铁渣粉的热重曲线

图 2-9 为镍铁渣粉的颗粒形貌，SEM 结果显示镍铁渣粉主要为有明显棱角的颗粒。将不同大小镍铁渣粉颗粒进行 EDS 能谱分析，结果见表 2-3。图 2-9 中的 1、3、6、9、12 等小颗粒中 Cr 元素含量几乎为 0，而大颗粒中 Cr 元素较多。其他元素在所有颗粒中的分布并没有表现出规律性。

图 2-9　镍铁渣粉的颗粒形貌

表 2-3　图 2-9 中各镍铁渣粉颗粒的化学组成

原子含量分数,%

颗粒	O	Mg	Al	Si	Ca	Cr	Fe
1	66.40	7.90	3.43	17.77	2.72	0	1.78
2	45.40	25.37	0.98	21.92	1.41	0.51	4.41
3	59.67	3.83	1.24	31.89	1.49	0	1.88
4	53.26	10.83	2.99	23.48	5.37	0.62	3.45
5	57.32	11.13	2.89	21.43	4.21	0.51	2.51
6	57.30	19.78	1.28	17.44	1.92	0	2.28
7	48.26	15.65	3.24	25.73	3.08	0.54	3.50
8	62.82	10.32	2.64	18.50	3.87	0.41	1.44
9	48.94	14.96	2.82	26.18	3.57	0	3.53
10	48.99	10.11	5.63	25.09	7.44	0.84	1.90
11	60.15	10.38	3.49	19.98	3.60	0.50	1.90
12	61.49	12.78	2.39	18.63	2.92	0	1.79

图 2-10 为镍铁渣粉红外光谱图。其中,$3440cm^{-1}$ 和 $1640cm^{-1}$ 处的吸收峰对应镍铁渣粉中自由水的弯曲振动[12],这可能是镍铁渣粉表面的吸附水所致。$1420cm^{-1}$ 处的吸收峰对应的是 C—O 对称伸缩振动,$870cm^{-1}$ 和 $720cm^{-1}$ 对应 CO_3^{2-} 的振动[13],即镍铁渣粉中含有碳酸盐。同时,$870cm^{-1}$ 还对应镍铁渣粉玻璃体中铝氧四面体的伸缩振动[12]。$420cm^{-1}$ 和 $505cm^{-1}$ 对应 Si—O 平面外弯曲振动,$1070cm^{-1}$ 对应 Si—O 伸缩振动[12],对应镁橄榄石、顽辉石及玻璃体中的硅氧四面体。吸收峰

$660cm^{-1}$和$606cm^{-1}$对应的是SO_4^{2-}[13]，即镍铁渣粉含有硫酸盐。

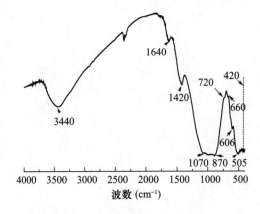

图2-10　镍铁渣粉红外光谱图

2.4.3　镍铁渣粉的粒径分布

　　由于粉磨工艺的不同，磨细镍铁渣粉粒径分布可呈现凹字形，粒径分布较宽，$5\mu m$和$20\mu m$附近的小颗粒较多，也可呈现凸字形[14-15]，类似于水泥颗粒分布，$20\mu m$附近的小颗粒较多，见图2-11。

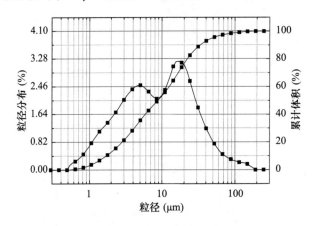

图2-11　镍铁渣粉的粒径分布

2.4.4　镍铁渣粉的孔结构

　　图2-12为镍铁渣粉和水泥的吸附/脱附等温曲线。由于镍铁渣中孔洞（图2-2、图2-6）的存在，镍铁渣粉的吸附/脱附曲线明显高于水泥。镍铁渣粉的累计孔体积与微分孔径分布见图2-13。可见，与水泥粉相比，镍铁渣粉具有相对较高的累计孔体积，约为水泥粉孔体积的1.87倍。微分孔径分布［图2-13（b）］显示，镍铁渣粉与水泥粉的孔径分布均类似正态分布，镍铁渣粉的最可几孔径为3.2nm，小于50nm孔占

总孔体积的 46.2%，而大于 50nm 孔占总孔体积的 53.8%，说明镍铁渣粉中的孔主要为大孔。水泥粉的最可几孔径为 3.6nm，小于 50nm 孔占总孔体积的 44.4%，说明水泥中的孔同样主要为大孔。

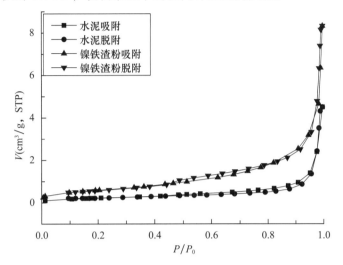

图 2-12　镍铁渣粉和水泥的吸附/脱附等温曲线

注：STP 即 Standard Temperature and Pressure，标准温度与标准压力。

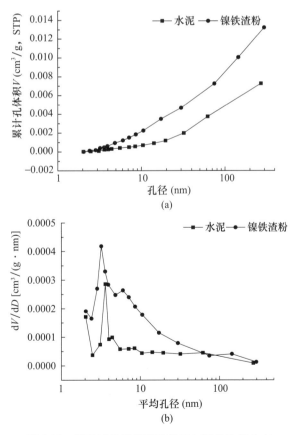

(a)

(b)

图 2-13　镍铁渣粉的累计孔体积与微分孔径分布

镍铁渣粉和水泥的比表面积、平均孔径和总孔体积见表 2-4。由于镍铁渣粉的多孔性，其比表面积为水泥的 2.49 倍，而相比于水泥，镍铁渣粉具有更高的总孔体积和较小的平均孔径。

表 2-4　镍铁渣粉的相关性能

样品	BET 比表面积（m²/g）	平均孔径（nm）	总孔体积（cm³/g）
水泥	0.8837	36.88	0.0071
镍铁渣粉	2.1999	19.20	0.0133

2.5　本章小结

本章按粒形、粒径等对一种典型的镍铁渣砂进行了分类，系统分析了电弧炉镍铁渣砂和镍铁渣粉的组成特性，主要结论如下：

镍铁渣砂表面含有较多的玻璃体相；镍铁渣砂中的 MgO 主要存在两种形式，即矿物晶体相和玻璃体相；宜将镍铁渣砂分类使用，即大粒径镍铁渣砂代砂，而小粒径镍铁渣砂磨细作为混凝土掺和料；由于气孔的存在，镍铁渣砂的压碎值随粒径增大而减小；小粒径镍铁渣粉中 Cr 含量较少，其他元素分布规律则不明显；镍铁渣粉中少量碳酸盐的存在可能影响水泥水化产物的组成。

参考文献

［1］汪海龙. 镍铁矿热炉渣复合胶凝材的研究［J］. 矿产综合利用，2016（5）：83-87.

［2］周建男，周天时. 利用红土镍矿冶炼镍铁合金及不锈钢［M］. 北京：化学工业出版社，2015.

［3］石梦晓. 镍铁渣粉在水泥基复合胶凝材料中的作用机理［D］. 北京：清华大学，2017.

［4］CHOI Y C, CHOI S. Alkali-silica reactivity of cementitious materials using ferro-nickel slag fine aggregates produced in different cooling conditions［J］. Construction & Building Materials, 2015, 99: 279-287.

［5］MO L, DENG M, TANG M. Potential approach to evaluating soundness of concrete containing MgO-based expansive agent［J］. ACI Materials Journal, 2010, 107（2）: 99-105.

［6］SAHA A K, SARKER P K. Expansion due to alkali-silica reaction of ferronickel slag fine aggregate in OPC and blended cement mortars［J］. Construction and Building Materials, 2016, 123: 135-142.

[7] KAYALI O, KHAN M S H, AHMED M S. The role of hydrotalcite in chloride binding and corrosion protection in concretes with ground granulated blast furnace slag [J]. Cement & Concrete Composites, 2012, 34 (8): 936-945.

[8] RAHMAN M A, SARKER P K, SHAIKH F U A, et al. Soundness and compressive strength of Portland cement blended with ground granulated ferronickel slag [J]. Construction & Building Materials, 2017, 140: 194-202.

[9] GAO P, WU S, LU X, et al. Soundness evaluation of concrete with MgO [J]. Construction & Building Materials, 2007, 21 (1): 132-138.

[10] 刘仍光. 水泥-矿渣复合胶凝材料的水化机理与长期性能[D]. 北京: 清华大学, 2014.

[11] LI B, HUO B, CAO R, et al. Sulfate resistance of steam cured ferronickel slag blended cement mortar [J]. Cement & Concrete Composites, 2019, 96: 204-211.

[12] ISMAIL I, BERNAL S A, PROVIS J L, et al. Modification of phase evolution in alkali-activated blast furnace slag by the incorporation of fly ash [J]. Cement & Concrete Composites, 2014, 45 (1): 125-135.

[13] MARTINEZ-RAMIREZ S. Influence of SO_2, deposition on cement mortar hydration [J]. Cement & Concrete Research, 1999, 29 (1): 107-111.

[14] HUANG Y, WANG Q, Shi M. Characteristics and reactivity of ferronickel slag powder [J]. Construction and Building Materials, 2017, 156: 773-789.

[15] 李保亮, 王月华, 潘东, 等. 电弧炉镍铁渣砂和镍铁渣粉的组成特性与适用性分析[J]. 材料导报, 2019, 33 (22): 3752-3756.

3 镍铁渣粉在碱溶液中的溶出特性及其使用安全性

3.1 引言

　　碱激发胶凝材料是目前最具有发展潜力的绿色胶凝材料之一。作为一种新型无机非金属胶凝材料，碱激发胶凝材料可以部分或完全代替传统水泥胶凝材料。与传统硅酸盐水泥的生产和性能相比，碱激发胶凝材料具有低能耗、低排放、高强度和优异耐久性等突出的特性。碱激发胶凝材料由具有活性的铝硅酸盐粉体和碱激发剂溶液反应制备而成，硅铝酸盐粉体作为胶凝成分主要来源，其反应活性能否得到充分激发直接决定了所制备胶凝材料性能的优劣。硅铝酸盐粉体在激发剂作用下的反应过程是通过玻璃体结构解体后重构实现的[1]，因此，研究硅铝酸盐粉体在不同碱激发溶液中的溶解过程和离子溶出特性，总结出其结构内部离子溶解和聚合的基本规律就显得尤为必要。对镍铁渣而言，研究镍铁渣在碱溶液中的溶出规律，一方面可为探究镍铁渣中的玻璃体组分和结构提供理论依据，同时可为有效评价镍铁渣的反应活性提供理论依据；另一方面也可为揭示镍铁渣在碱激发体系中的反应机理提供支持，并为碱激发剂的选择和碱激发胶凝材料的制备提供理论指导[2]。

3.2 镍铁渣的选择性溶出特性

3.2.1 碱摩尔浓度的影响

　　在20℃温度条件下，镍铁渣在不同摩尔浓度氢氧化钠溶液中溶出60min后各元素的溶出率如图3-1所示。可以看出，随着碱溶液摩尔浓度的提高，Si 和 Al 的溶出率均呈现出一个先增加后降低的趋势，且分别在10mol/L 和5mol/L 时达到最大值。增加激发剂初始摩尔浓度提高了溶液中 OH$^-$ 的浓度，加快了 Si—O 和 Al—O 化学键的断裂，从而加速了 Si 和 Al 的溶出。由于 Al—O 键比 Si—O 键更容易断裂[3]，所以 Al 在低摩尔浓度下的溶出率明显高于 Si。

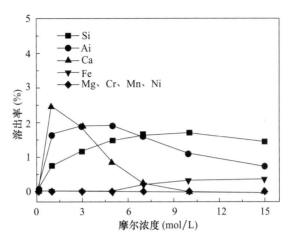

图 3-1 溶出温度 20℃和溶出时间 60min 条件下
氢氧化钠摩尔浓度对各元素溶出率的影响

此外，Ca 在 1mol/L 氢氧化钠溶液中的溶出率最高，随着摩尔浓度的提高，其溶出率显著降低，且开始降低的摩尔浓度临界值明显小于 Si 和 Al，说明镍铁渣中的 Ca 比 Si 和 Al 更加容易溶出。Ca 溶出率的显著降低，一方面是由于颗粒中溶解出来的 Ca^{2+} 在高碱度溶液中更倾向于以氢氧化钙的形式在镍铁渣颗粒表面形成沉淀[4]，这可以从滤渣的 XRD 图谱中出现的氢氧化钙衍射峰得到验证，如图 3-2 所示；另一方面是由于已溶出的 Si、Al 和 Ca 与激发剂溶液中的 Na 共同参与铝硅酸钠和铝硅酸钙[N-(C)-A-S-H]凝胶产物的形成过程，从而使 ICP 法检测计算得到的 Ca、Si 和 Al 的溶出率均显著降低。

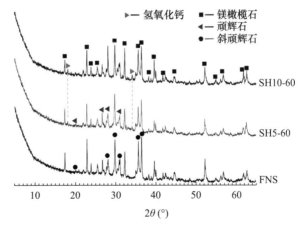

图 3-2 溶出温度 20℃和溶出时间 60min 条件下镍铁渣在不同摩尔
浓度氢氧化钠溶液中溶出后滤渣的 XRD 图谱（SH5-60 代表
镍铁渣在 5mol/L 的 NaOH 溶液中溶出 60min）

从溶出动力学角度分析，激发剂浓度较低时，溶出过程由化学反应控制，这时提高激发剂的浓度，可以增加各元素的溶出速率；在激发剂浓度较高时，溶出过程则由扩散运动控制，高摩尔浓度激发剂对溶出过程并不一定有积极影响，相反，随着激发剂摩尔浓度逐渐提高，Ca、Si和Al的溶出率出现降低。

从图 3-1 中可知，Fe 在低摩尔浓度碱溶液中没有溶出现象，当摩尔浓度提高至 7mol/L 时，Fe 开始溶出且溶出率随初始摩尔浓度的提高而缓慢上升，这与钢渣中 Fe 的溶出现象类似[5]，钢渣中的铁元素只在摩尔浓度高于 7mol/L 的氢氧化钠溶液中才会溶出。此外，需要注意的是，即使初始摩尔浓度增加到 15mol/L，ICP 法依旧无法在滤液中检测到 Mg、Cr、Mn 和 Ni 等元素。目前，有研究表明[6-7]，镍铁渣中的 Mg 会参与类似水滑石等反应产物的生成，使滤液中无法检测到 Mg。

基于以上分析，镍铁渣中各元素的溶出率很大程度上取决于初始氢氧化钠的摩尔浓度，其中 Si、Al 和 Ca 的溶出率随初始摩尔浓度的变化规律对碱激发体系中激发剂溶液的初始碱含量设定具有重要的参考价值。此外，若以镍铁渣中元素溶出率的大小评价其反应活性的大小，从上述镍铁渣在不同摩尔浓度氢氧化钠溶液中的溶出过程可知，5mol/L 更适宜作为评价镍铁渣活性用激发剂溶液的初始溶液摩尔浓度。

3.2.2 溶出时间的影响

在 20℃ 条件下，镍铁渣在 5mol/L 氢氧化钠溶液中的各元素溶出率如图 3-3 所示。可以看出，Ca 的溶出率在 60min 时已达到最大值，再次说明镍铁渣中的 Ca 极易溶出。随着溶出时间的延长，Ca 的溶出率开始出现明显降低，溶出时间 120min 时滤渣的 XRD 图谱中出现了显著的氢氧化钙衍射峰。

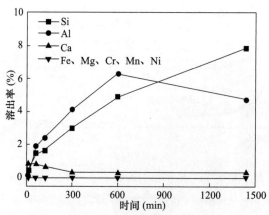

图 3-3　溶出温度 20℃ 和氢氧化钠摩尔浓度 5mol/L
条件下溶出时间对各元素溶出率的影响

在相同摩尔浓度条件下，随着溶出时间的增加，Si 的溶出率不断升高，而 Al 的溶出率在 600min 时达到最高，然后迅速下降。由于 Al—O 键比 Si—O 键更容易断裂，因此在前 600min 内 Al 的溶出率比 Si 的溶出率高。Al 溶出率的突然下降，一方面是由于镍铁渣原料中的铝元素含量较低，导致其可溶性铝含量相对较低；另一方面，溶解出来的 Al 与 Si、Na 相互结合，共同参与凝胶产物水合铝硅酸钠 N-A-S-H[Na$_{0.5}$Al$_6$(Si,Al)$_8$O$_{20}$(OH)$_{10}$·H$_2$O,JCPDS 39-0381]的生成。同时，由于镍铁渣中存在碳酸盐杂质[8]，部分 Al 还参与了反应产物水滑石[Mg$_6$Al$_2$CO$_3$(OH)$_{16}$·4H$_2$O,JCPDS 22-0700]的形成，如图 3-4 所示。随着溶出时间的进一步延长，N-A-S-H 衍射峰强度明显增大，凝胶产物生成量显著增加。图 3-5 的 SEM 图验证了 XRD 的分析结果，溶出时间 120min 时，镍铁渣的颗粒表面除了有明显的侵蚀痕迹外，同时生成了大量的反应产物。

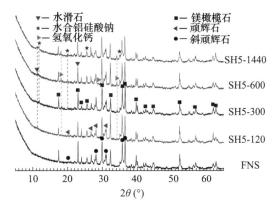

图 3-4　溶出温度 20℃ 条件下镍铁渣在 5mol/L 氢氧化钠
溶液中溶出不同时间后滤渣的 XRD 图谱

图 3-5　溶出温度 20℃ 条件下镍铁渣在 5mol/L 氢氧化钠溶液中溶
出前和溶出 120min 后滤渣的 SEM 图

（a）溶出前；（b）溶出 120min 后

此外，在5mol/L氢氧化钠溶液的浓度条件下，即使溶出时间延长到1440min，滤液中依旧无法检测到 Fe、Cr、Mn 和 Ni 的存在，说明摩尔浓度对铁元素的溶出影响较大，高摩尔浓度下的碱溶液才能使 Fe 溶出，这也从侧面反映出以钙镁铁橄榄石矿物相组成的镍铁渣的低活性特征。

3.2.3 溶出温度的影响

图 3-6 为不同溶出温度条件下镍铁渣在 5mol/L 的氢氧化钠溶液中 Si、Al、Ca 和 Fe 的溶出率。从图 3-6 中结果可知，镍铁渣中各元素的溶出能力在不同溶出温度下存在明显差异。随着溶出温度的升高，各元素的溶出率明显提高。当溶出时间为 300min 时，Si 的溶出率在溶出温度为 40℃、60℃和 80℃条件下分别为 7.43%、19.57% 和 41.86%，远高于 20℃时的 2.82%。Al 在 40℃、60℃和 80℃溶出温度条件下的溶出率比在 20℃时分别提高 58.50%、235.19% 和 442.72%。

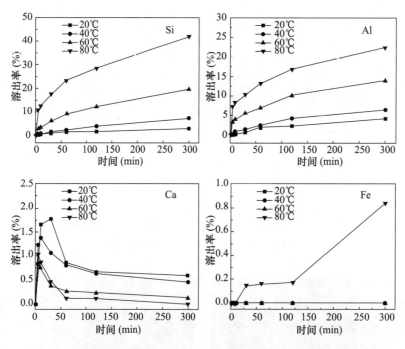

图 3-6　在 5mol/L 氢氧化钠溶液中溶出温度对
镍铁渣中 Si、Al、Ca 和 Fe 元素溶出率的影响

如前所述，镍铁渣中的 Ca 极易溶出，而溶出温度的提高，进一步加快了 Ca 的溶出速度，Ca 的溶出率最大临界值出现的时间随着温度的升高而不断提前。从图 3-6 中可以看出，Ca 在 60℃和 80℃时达到最高溶出率的溶出时间为 5min，远远短于在 20℃和 40℃时的 30min 和 10min。Ca 的溶出率达到最大值后开始急剧降低，而在温度升高的过程

中，Ca 的存在形式发生一系列的转变。如图 3-7 所示，Ca 在 20℃时会首先转化成氢氧化钙过渡相，当温度升高到 40℃时，XRD 图谱中的氢氧化钙衍射峰消失，Ca 开始参与 N(C)-A-S-H 凝胶产物的形成。当温度继续升高至 60℃和 80℃时，N-A-S-H 凝胶产物的衍射峰强度逐渐增强，即高温条件下更多的 Si 和 Al 参与反应产物的形成，因此导致 Si 和 Al 在高温下的溶出率曲线在 120min 后趋于平缓。

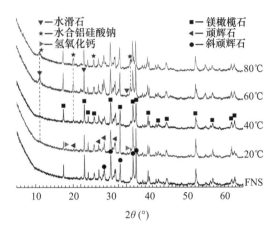

图 3-7　在 5mol/L 氢氧化钠溶液中镍铁渣在不同溶
出温度下溶出 300min 后滤渣的 XRD 图谱

此外，溶出温度的提高有利于镍铁渣中 Fe 的溶出。在 80℃条件下，Fe 的溶出率从 30min 时的 0.15% 提高到 300min 时的 0.85%。需要注意的是，在高温水热碱性条件下，即使溶出温度升高到 80℃，ICP 法依旧无法在滤液中检测到 Cr、Mn、Ni 和 Mg 等元素。由于碱激发胶凝材料具有重金属自胶结固化性能[9-11]，镍铁渣中的 Cr、Mn 和 Ni 等元素可能被固化在碱激发镍铁渣基胶凝材料中而无法"溶出"。镍铁渣中溶出的 Mg 元素则因参与类似水滑石等产物的生成而使其在 ICP 法中无法被检测到。

镍铁渣在 5mol/L 氢氧化钠溶液中不同水热温度下溶出 300min 后的表观形貌和微区元素组成如图 3-8 所示。从 SEM 图像中可知，在溶出温度为 40℃时，镍铁渣颗粒部分区域由内到外、由表及里开始受到激发剂溶液中 OH⁻ 的强烈侵蚀 [图 3-8 (a)]，镍铁渣由溶出前的具有均质光滑表面的颗粒变为残破的、有很多孔洞和沟槽的不规则渣状物，在此过程中有部分类似圆片状的小块体从镍铁渣颗粒基体脱落。当溶出温度提高至 60℃时 [图 3-8 (b)]，镍铁渣中可溶出元素不断溶出，同时不同元素在溶解过程中相互之间持续发生反应形成水滑石、N-A(M)-S-H 等反应产物并附着在未反应颗粒的表面。随着反应时间的延续，反应产物层厚度增加，镍铁渣中相对惰性成分会在一定程度上阻碍溶出行为和反应产物的生成。而随着镍铁渣溶出环境的进一步变化，例如当溶出温度升高至80℃时［图3-8（c）］，镍铁渣颗粒的难溶性区域在高温、高碱度和长时间碱性热环境中受到剧烈侵蚀而被破坏和溶解，并生成了大量的反应产物。这一现象说明镍铁渣的反应活性对水热温度非常敏感，在高温环境下，镍铁渣的反应活性能够得到更大程度的激发。

点	C	O	Na	Mg	Al	Si	Ca	Cr	Mn	Fe	Ni
1	13.4	41.3	0.4	16.6	0.5	25.0	0.9	0.4	0.2	1.2	0.1
2	10.2	52.2	0.7	7.6	3.2	21.0	3.7	0.3	0.2	0.9	0.0
3	10.2	40.4	0.3	14.8	1.3	28.8	2.2	0.5	0.3	1.0	0.2
4	12.6	49.3	0.7	9.3	1.4	18.5	2.3	0.3	0.3	4.7	0.6
5	15.1	44.4	0.6	9.9	1.7	22.1	3.0	0.4	0.2	2.2	0.4
6	19.9	34.1	0.3	16.5	0.4	25.9	0.7	0.4	0.3	1.3	0.2
7	15.5	49.5	0.3	14.2	0.4	18.0	0.6	0.0	0.2	1.3	0.0
8	14.2	46.3	0.6	18.1	0.3	15.8	0.8	0.3	0.1	3.4	0.1
9	11.9	45.5	0.7	7.1	2.9	24.0	5.3	0.5	0.3	1.7	0.1
10	8.9	39.5	0.7	6.1	4.1	30.8	7.6	0.6	0.6	1.1	0.0

(a)

点	C	O	Na	Mg	Al	Si	Ca	Cr	Mn	Fe	Ni
1	21.2	36.5	1.2	15.9	1.4	16.3	3.0	0.8	0.2	3.0	0.5
2	24.7	50.3	1.0	7.2	0.5	7.2	5.0	0.2	0.3	3.5	0.1
3	22.8	31.5	1.3	16.2	0.9	18.9	2.3	0.8	0.1	4.4	0.8
4	20.2	31.6	0.3	24.5	0.7	19.2	1.0	1.0	0.3	1.1	0.1
5	16.1	37.3	0.2	12.1	0.4	23.9	7.5	0.5	0.3	1.5	0.2
6	19.8	45.5	0.4	6.1	0.8	13.3	9.3	0.2	0.3	4.2	0.1
7	14.4	49.0	0.5	7.8	0.6	14.9	8.0	0.2	0.2	4.3	0.1
8	20.0	41.8	0.4	9.4	0.8	20.1	6.4	0.4	0.2	0.4	0.1
9	20.4	39.3	0.2	18.2	0.9	18.2	1.4	0.3	0.3	0.7	0.1
10	13.4	38.5	0.4	11.7	0.7	25.7	8.7	0.4	0.1	0.4	0.0

(b)

点	C	O	Na	Mg	Al	Si	Ca	Cr	Mn	Fe	Ni
1	18.4	42.6	3.3	7.5	0.4	18.9	6.1	0.3	0.3	2.2	0.0
2	13.8	48.6	2.7	9.7	3.0	16.2	4.0	0.7	0.1	1.1	0.1
3	20.8	45.7	3.2	8.6	0.6	15.6	4.1	0.3	0.2	0.9	0.0
4	15.0	49.9	3.9	6.4	1.2	16.1	6.0	0.4	0.1	0.8	0.2
5	14.6	50.6	4.1	10.5	1.5	12.8	3.3	0.7	0.2	1.6	0.1
6	15.3	50.2	1.3	13.2	0.2	16.9	1.7	0.3	0.1	0.7	0.1
7	12.8	45.5	4.3	8.3	1.2	19.0	7.2	0.7	0.1	0.9	0.0
8	11.2	56.2	2.9	9.0	0.6	15.3	4.0	0.3	0.1	0.4	0.0
9	14.6	49.5	8.8	7.1	0.7	12.2	4.5	0.2	0.1	2.2	0.0
10	14.8	47.5	8.2	6.5	0.6	14.5	5.5	0.2	0.1	2.1	0.0

(c)

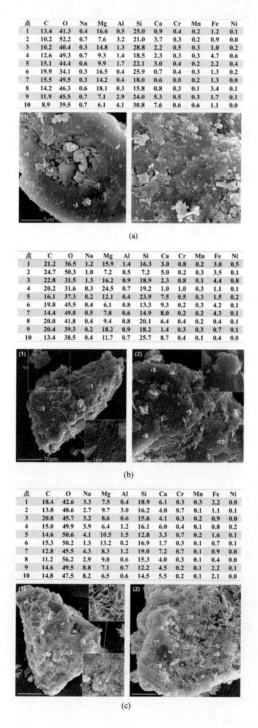

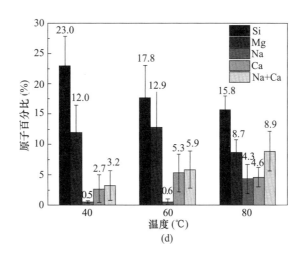

图 3-8　5mol/L 氢氧化钠溶液中镍铁渣在不同溶出温度溶出 300min
后滤渣的 SEM 图像和 EDS 能谱分析结果
(a) 40℃；(b) 60℃；(c) 80℃；(d) 各元素原子百分比

　　综上所述，在碱性水热环境中，镍铁渣中由 Si、Mg、Ca 和 Al 等元素组成的非晶相玻璃体结构不断遭到侵蚀和破坏，可溶性元素从镍铁渣中不断溶解出来并参与产物的形成。不同溶出温度下滤渣中各特征微区的 EDS 测试结果表明，镍铁渣中的 Mg 元素出现在生成的凝胶产物相中，这与前述的结果和已有的文献报道结论一致[6-7]，镍铁渣中的 Mg 可溶出，且参与了水滑石和含镁铝硅酸钠[N-A(M)-S-H]凝胶相的形成。从不同微区的成分分析结果来看，在不同的水热温度环境下，镍铁渣中溶出成分形成的反应产物的化学组成也有所不同，这也与 XRD 分析结果一致。溶出温度为 60℃和 80℃时，反应产物中 Na 和 Ca 的含量较高，说明随着溶出温度的提高，Na 在 N-A(M)-S-H 凝胶产品中的参与程度提高[图 3-8 (d)]。同时，Ca 溶出率显著降低，可能与反应产物中 N(C)-A-S-H 凝胶产物的形成有关。

　　目前，缺乏一种简单、快速、直接评价镍铁渣活性的有效方法，难以快速、直观和准确地了解镍铁渣的性能好坏，这也制约了镍铁渣的推广应用。尽管已有了"比强度"评价方法，即在硅酸盐水泥中掺入 30%镍铁渣粉，用其 28d 抗压强度与硅酸盐水泥 28d 抗压强度进行比较，以确定其活性高低，但是这种方法周期较长，同样限制了不同来源镍铁渣的工程应用。同时，由于镍铁渣的早期反应活性较低，该方法亦不能准确地评价镍铁渣的长期潜在活性。近些年来，一些研究者将选择性溶出试验作为快速评价偏高岭土[12]、粉煤灰[3]和钢渣[13]等不同固体废物胶凝性能的有效方法，这也为镍铁渣的活性评价方式提供了参考。

本章的研究内容为制定一种快速、有效评价镍铁渣反应活性的选择性溶出法提供大量探索性试验工作。结合以上结果和讨论，以镍铁渣在5mol/L氢氧化钠溶液、溶出温度60℃和溶出300min时Si和Al的各自溶出率大小作为其活性快速判定方法的评价指标，Si和Al的溶出率越高，镍铁渣的反应活性越高。当然，在后续的研究中还需要考虑到不同来源镍铁渣在此溶出条件下的溶出行为，以进一步验证该方法的可行性和相关试验参数的适用性。

3.2.4 颗粒粒径的影响

在20℃条件下，不同粒径的镍铁渣在5mol/L氢氧化钠溶液中各元素的溶出率如图3-9所示。随着溶出时间的延长，Si和Al的溶出率不断上升，但是在大粒径颗粒中的提高幅度小于小粒径颗粒，说明小粒径镍铁渣颗粒的活性要高于大粒径颗粒。镍铁渣粒径的增大，势必减小颗粒的比表面积。从图3-10中可以看出，大颗粒的表面更加光滑致密，而小颗粒的表面缺陷明显较多，这也导致小粒径颗粒的反应活性明显好于大粒径颗粒。在相同摩尔浓度的碱溶液中，不同粒径镍铁渣颗粒的Si、Al和Ca溶出率的变化规律相似，这表明选择性溶出过程中计算的元素溶出率的变化能够真实地反映出镍铁渣反应活性在不同溶出条件下的差异。此外，在大粒径颗粒中，Ca的溶出率在120min时达到最大值，要晚于小粒径颗粒中的60min。同时，在溶出时间为600min时，大粒径颗粒中Ca的溶出率要大于小粒径颗粒。在镍铁渣的溶出过程中，Ca的溶出率降低的主要原因是其与Si和Al共同参与了反应产物的形成，大粒径镍铁渣中溶出的Si和Al含量较少，因此，反应消耗的Ca也相应减少，从而使可测得的Ca的溶出率大于小粒径镍铁渣。

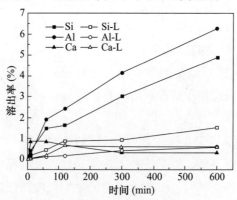

图3-9 在溶出温度20℃和氢氧化钠摩尔浓度5mol/L条件下不同粒径对镍铁渣中
Si、Al和Ca溶出率的影响（L代表粒径尺寸大于75μm的镍铁渣颗粒）

(a)　　　　　　　　　　　　(b)

图 3-10　不同粒径原始镍铁渣的 SEM 图像

(a) 粒径小于 75μm；(b) 粒径大于 75μm

3.2.5　溶出动力学

众所周知，缩核模型（Shrinking Core Model，SCM）可以很好地描述球形颗粒在液体中的溶出动力学过程[14]。镍铁渣在碱性溶液中的溶出过程是典型的多相非催化固液反应。假设镍铁渣颗粒为球形，那么镍铁渣在氢氧化钠溶液中的溶出动力学过程则可以用 SCM 方程来描述和解释。在 SCM 模型中，常用的三个动力学描述方程为：

Power-Lawer 方程（3-1）：非均相固液体系的反应速率由未反应颗粒表面的化学反应控制。Ginstling-Brounshtein 方程（3-2）：体系的反应速率由固体颗粒周围液膜的扩散行为所控制。Jander 方程（3-3）：体系的反应速率由相边界反应和通过反应产物层的扩散行为控制。

表面化学反应、液膜扩散和产物层扩散中最慢的一步控制了镍铁渣在氢氧化钠溶液中的溶解动力学过程。

$$1 - (1 - \alpha)^{1/3} = kt, \quad k = \frac{b\,k_c C_A^n}{\rho_B r} \tag{3-1}$$

$$1 - \frac{2}{3}\alpha - (1 - \alpha)^{2/3} = kt, \quad k = \frac{6b\,D_F C_A}{\rho_B r^2} \tag{3-2}$$

$$1 - 3(1 - \alpha)^{2/3} + 2(1 - \alpha) = kt, \quad k = \frac{6b\,D_L C_A}{\rho_B r^2} \tag{3-3}$$

式中，α 是固体中 B 在时间 t 时转化为反应产物的体积分数；ρ_B 是固体的密度；r 是固体的初始半径；b 是每摩尔 A 反应消耗 B 的摩尔数；k_c 是化学反应速率常数；C_A 是滤液中 A 的浓度；n 是关于 A 的反应级数；D_F 是通过液膜的扩散系数；D_L 是通过产物层的扩散系数。

对以上 SCM 方程分别拟合了不同溶出温度下 Si 和 Al 的溶出率，按方程（3-1）、方程（3-2）和方程（3-3）计算的各自相关性系数分别为

$R^2 > 0.893$、$R^2 > 0.981$ 和 $R^2 > 0.983$。可以看出，方程（3-3）拟合的效果最好，其线性相关度最高，如图 3-11 所示。因此，镍铁渣在氢氧化钠溶液中的溶出过程主要通过产物层的扩散行为控制。

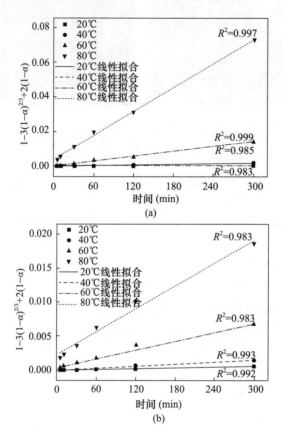

图 3-11　在 5mol/L 氢氧化钠溶液中镍铁渣中 Si 和 Al 在不同温度下的溶出率
［利用公式 $1 - 3 (1 - \alpha)^{2/3} + 2 (1 - \alpha)$ 的拟合结果］
（a）硅；（b）铝

根据 Arrhenius 方程（3-4），绘制 $\ln k$ 与 $1/T$ 的关系曲线并计算活化能：

$$k = k_0 e^{-\frac{E_a}{RT}} \tag{3-4}$$

式中，k 为总速率常数；k_0 为频率因子；E_a 为表观活化能；R 为气体常数；T 为本试验中选用的溶出温度。

如图 3-12 所示，镍铁渣中 Si 和 Al 在氢氧化钠溶液中溶出过程的活化能分别为 80.47kJ/mol 和 49.45kJ/mol。文献［15］表明，较高的活化能（>40kJ/mol）通常表现为化学反应控制过程。但是在众多研究报道中，某些扩散行为控制过程体系也可能具有异常高的活化能[5,16-17]。Nikolić 等[18]研究了钢渣在碱性溶液中的溶出动力学过程，并计算出 Si

在氢氧化钠溶液和氢氧化钾溶液中的溶出活化能分别为 55.27kJ/mol 和 90.68kJ/mol。由此可见，不同的激发剂溶液对同一前驱体的激发效果也有差异。因此，镍铁渣在其他碱性溶液中的溶出动力学还有待进一步研究。

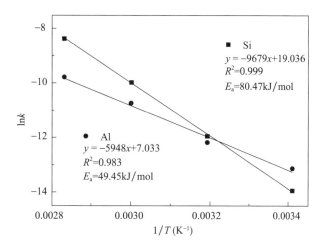

图 3-12　镍铁渣中 Si 和 Al 在 5mol/L 氢氧化钠溶液中的溶出过程

（利用 Arrhenius 公式拟合结果）

在本章中，镍铁渣中 Si 和 Al 在溶出过程中的活化能（49.45 ~ 80.47kJ/mol）显著高于激发高炉矿渣反应的活化能（57.6kJ/mol）[16] 和石灰/膨润土体系的火山灰反应活化能（40 ~ 50kJ/mol）[19]，这可能与镍铁渣的低活性有关。此外，镍铁渣中 Al 的溶出活化能明显低于 Si，表明 Al 比 Si 更容易溶出，且 Al 的溶出过程对温度变化的敏感性较小。本章的研究有利于更深入地了解镍铁渣在碱溶液中的溶出动力学过程，为镍铁渣在碱激发胶凝体系中的反应机理研究提供理论指导。

3.3　镍铁渣的综合利用安全性评价

由于地球上的天然岩石和其中的矿物都含有天然放射性成分，在矿物的开采和加工过程中，这些天然放射性物质都集中遗留在其工业副产品中，且由于这些放射性成分不能用一般的物理、化学和生物方法加以消除或破坏，因此，在工业固体废物的使用过程中，其放射性物质的含量必须严格加以控制，必须满足国家标准对建筑材料放射性水平的技术要求。

对镍铁渣而言，由于其化学组成中 Cr 的含量较高，放射性和重金属毒性问题同时成为制约镍铁渣在建材领域综合利用的重要环境安全性问题。

3.3.1 重金属 Cr 的溶出性

1. 在酸性环境中的溶出行为

图 3-13 为镍铁渣中 Cr 在不同激发剂溶液中的溶出率随溶出时间的变化趋势。可以看出，镍铁渣在碱性环境下的溶出滤液中无法检测到 Cr。在酸性溶液中，镍铁渣中 Cr 大量溶出，且酸性越强的溶液环境中，Cr 的溶出率越高。在溶出时间 600min 时，镍铁渣中 Cr 在弱酸性的醋酸溶液中的溶出率为 5.79%，而在中强酸性的磷酸溶液中的溶出率为 18.13%。

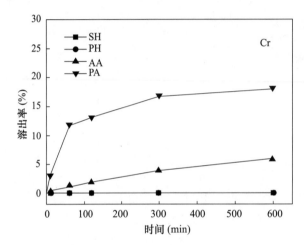

图 3-13　在溶出温度 20℃条件下镍铁渣中 Cr 在不同激发剂溶液中的溶出率
SH—5mol/L 氢氧化钠溶液；PH—5mol/L 氢氧化钾溶液；
AA—5mol/L 醋酸溶液；PA—5mol/L 磷酸溶液

2. 在碱性环境中的溶出行为

结合第 3.1 小节中碱性溶液的摩尔浓度和溶出温度等对镍铁渣中 Cr 的溶出行为的研究可知，镍铁渣中的 Cr 在碱性环境中很难溶出。同时，鉴于碱激发胶凝材料的重金属自固结能力，即使有部分重金属溶出，也会被固结于凝胶产物中而难以测出，即 Cr 在碱激发环境中的稳定性较好。

综合以上结果，在镍铁渣的综合利用过程中，酸性环境下使用需要考虑 Cr 的重金属污染问题，而在碱性环境中则风险较小，使用较为安全。

3.3.2 放射性

由于天然矿物中主要包括 ^{238}U、^{226}Ra、^{40}K 和 ^{232}Th 等四种放射性元素，按照《建筑材料放射性核素限量》（GB 6566—2010）标准对镍铁渣中多种天然放射性元素进行严格检测，相关指标结果见表 3-1。可以看出，镍铁渣中的天然放射性元素的放射性比活度及其计算的内照射指数 I_{Ra} 和外照射指数 I_r 分别小于 0.418 和 0.252，满足国家标准要求，即该镍铁渣原材料无放射性危害。

表 3-1   镍铁渣放射性核素测试结果及相关指标

核素	核素所占计数	比活度	内照射指数 I_{Ra}	外照射指数 I_r
^{238}U	1715	<508.43	—	—
^{226}Ra	969	<83.62	—	—
^{40}K	147	<292.36	—	—
^{232}Th	1913	<22.86	—	—
—	—	—	<0.418	<0.252

3.4 本章小结

本章介绍了镍铁渣在不同激发剂溶液中的溶出动力学过程，分析了摩尔浓度、溶出时间、溶出温度和粒径对镍铁渣中各元素选择性溶出行为的影响，同时探究了镍铁渣玻璃体相中 MgO 的活性特征及其重金属 Cr 的溶出问题。本章主要结论如下：

（1）镍铁渣在碱溶液中的颗粒溶解和元素溶出过程受多种因素影响，其中，溶出温度的影响最大，高温环境下镍铁渣中 Ca、Si、Al 等元素的溶出率明显提高，镍铁渣颗粒的表面侵蚀严重。碱溶液的摩尔浓度和溶出温度的提高有利于镍铁渣中 Fe 的溶出。在碱性溶液中，不存在 Cr、Mn 和 Ni 元素重金属的溶出现象；而在酸性溶液中，重金属 Cr 溶出明显。以镍铁渣在 5mol/L 氢氧化钠溶液、溶出温度 60℃ 和溶出 300min 时 Si 和 Al 的溶出率大小作为快速判定镍铁渣活性的指标，Si 和 Al 的溶出率越高，镍铁渣的反应活性越高。

（2）镍铁渣在碱溶液中溶出的 Ca、Si、Al 等元素与 Na 相互反应生成 N(C)-A-S-H 凝胶产物。镍铁渣中溶出的 Mg 主要参与水滑石和 N-A(M)-S-H 凝胶的形成。镍铁渣在碱溶液中的溶出动力学过程可用表面产物层扩散行为控制的 SCM 模型来描述。在氢氧化钠溶液中，Si 和 Al 的溶出活化能分别为 80.47kJ/mol 和 49.45kJ/mol，镍铁渣中的 Al 在碱溶液中比 Si 更容易溶出。

参考文献

[1] PROVIS J L，PALOMO A，SHI C. Advances in understanding alkali-activated materi-

als [J]. Cement and Concrete Research, 2015, 78: 110-125.

[2] CAO R, JIA Z, ZHANG Z, et al. Leaching kinetics and reactivity evaluation of fer-ronickel slag in alkaline conditions [J]. Cement and Concrete Research, 2020, 137: 106202.

[3] LI C, LI Y, SUN H, et al. The Composition of fly ash glass phase and its dissolution properties applying to geopolymeric materials [J]. Journal of the American Ceramic Society, 2011, 94 (6): 1773-1778.

[4] SONG S, JENNINGS H M. Pore solution chemistry of alkali-activated ground granulated blast-furnace slag [J]. Cement and Concrete Research, 1999, 29 (2): 159-170.

[5] NIKOLIC I, DRINCIC A, DJUROVIC D, et al. Kinetics of electric arc furnace slag leaching in alkaline solutions [J]. Construction and Building Materials, 2016, 108: 1-9.

[6] YANG T, YAO X, ZHANG Z. Geopolymer prepared with high-magnesium nickel slag: Characterization of properties and microstructure [J]. Construction and Building Materials, 2014, 59: 188-194.

[7] YANG T, ZHANG Z, ZHU H, et al. Re-examining the suitability of high magnesium nickel slag as precursors for alkali-activated materials [J]. Construction and Building Materials, 2019, 213: 109-120.

[8] LI B, HUO B, CAO R, et al. Sulfate resistance of steam cured ferronickel slag blended cement mortar [J]. Cement and Concrete Composites, 2019, 96: 204-211.

[9] QIAN W, FENG R, SHAOXIAN S, et al. Chemical forms of lead immobilization in alkali-activated binders based on mine tailings [J]. Cement and Concrete Composites, 2018, 92: 198-204.

[10] YANG T, ZHANG Z, ZHANG F, et al. Chloride and heavy metal binding capacities of hydrotalcite-like phases formed in greener one-part sodium carbonate-activated slag cements [J]. Journal of Cleaner Production, 2020, 253: 120047.

[11] ZHANG P, MUHAMMAD F, YU L, et al. Self-cementation solidification of heavy metals in lead-zinc smelting slag through alkali-activated materials [J]. Construction and Building Materials, 2020, 249: 118756.

[12] GRANIZO N, PALOMO A, FERNANDEZ-JIMÉNEZ A. Effect of temperature and alkaline concentration on metakaolin leaching kinetics [J]. Ceramics International, 2014, 40 (7): 8975-8985.

[13] LI Z, ZHAO S, ZHAO X, et al. Selective dissolution and cementitious property evaluation of converter steel slag [J]. Materials and Structures, 2013, 46 (1/2): 327-336.

[14] LEVENSPIEL O. Chemical reaction engineering [J]. Industrial and Engineering Chemistry Research, 1999, 38 (11): 4140-4143.

[15] GHARABAGHI M, IRANNAJAD M, AZADMEHR A R. Leaching kinetics of nickel

extraction from hazardous waste by sulphuric acid and optimization dissolution conditions [J]. Chemical Engineering Research and Design, 2013, 91 (2): 325-331.

[16] FERNÁNDEZ-JIMÉNEZ A, PUERTAS F. Alkali-activated slag cements: Kinetic studies [J]. Cement and Concrete Research, 1997, 27 (3): 359-368.

[17] RAVIKUMAR D, NEITHALATH N. Reaction kinetics in sodium silicate powder and liquid activated slag binders evaluated using isothermal calorimetry [J]. Thermochimica Acta, 2012, 546: 32-43.

[18] NIKOLIĆ I, DRINČIĆ A, DJUROVICĆ D, et al. Kinetics of electric arc furnace slag leaching in alkaline solutions [J]. Construction and Building Materials, 2016, 108: 1-9.

[19] WINDT L D, DENEELE D, MAUBEC N. Kinetics of lime/bentonite pozzolanic reactions at 20 and 50℃: Batch tests and modeling [J]. Cement and Concrete Research, 2014, 59: 34-42.

4 镍铁渣粉在碱激发下的水化与力学性能

4.1 引言

由于镍铁渣的活性较低，作为矿物掺和料其利用率较低，单纯使用碱激发仍然很难激发镍铁渣的活性。为进一步提高镍铁渣的活性，并探讨镍铁渣中 MgO、Fe_2O_3 在不同激发剂条件下反应产生何种水化产物、采用何种激发剂激发镍铁渣可以获得最优的力学性能等，本章介绍采用 $Ca(OH)_2$、CaO、$NaOH$、KOH、Na_2CO_3、石膏等激发剂激发镍铁渣粉，并研究了其凝结时间、工作性能、水化过程及在高温蒸养条件的水化产物与力学性能。

4.2 凝结时间

为了对比不同激发剂条件下镍铁渣的活性及碱激发镍铁渣的施工性能，在 0.3 水灰比、激发剂与镍铁渣粉质量比为 1∶9 条件（其中，氢氧化钙与石膏复合激发镍铁渣复合胶凝材料中各材料质量比为氢氧化钙∶石膏∶镍铁渣粉 =1∶0.5∶8.5）下，测试了碱激发镍铁渣浆体的凝结时间和流动度，其结果见表 4-1。其中，FC 表示氢氧化钙激发镍铁渣粉、FCO 表示氧化钙激发镍铁渣粉、FN 表示氢氧化钠激发镍铁渣粉、FK 表示氢氧化钾激发镍铁渣粉、FNC 表示碳酸钠激发镍铁渣粉、FCS 表示氢氧化钙与石膏复合激发镍铁渣粉。

表4-1 碱激发镍铁渣粉浆体的凝结时间和流动度

样品	凝结时间（h）		流动度（mm）
	初凝	终凝	
FC	35.0	46.0	150
FCO	1.60	2.50	120
FN	12.0	18.5	300
FK	33.0	45.0	300
FNC	48.0	59.0	300
FCS	32.0	42.0	120

由于 CaO 与水拌和的时候会释放大量的热，因此 CaO 激发镍铁渣的凝结时间最短。NaOH 激发镍铁渣的凝结时间略长于 CaO，但是由于 NaOH 较高的碱度，导致 NaOH 激发镍铁渣的凝结时间短于其余四种激发剂。尽管 KOH 的碱性同样很高，但是 KOH 的分子量大于 NaOH，在相同质量的前提下，NaOH 的摩尔数更高[1]。石膏与 CH 复合可以加速镍铁渣浆体的凝结，凝结时间短于单独用 CH 激发的镍铁渣浆体。需要注意的是，除了 CaO 激发剂外，其他激发剂激发镍铁渣浆体的凝结时间均相对较长，说明镍铁渣的活性较低。

4.3　流动度

由表 4-1 可知，NaOH、KOH、Na_2CO_3 激发的镍铁渣浆体具有较高的流动度，而 $Ca(OH)_2$、CaO 和 $Ca(OH)_2$ 与石膏复合激发的镍铁渣流动性较小，这可能与 $Ca(OH)_2$ 和石膏的溶解度较小有关。

4.4　水化过程与产物

4.4.1　弱碱激发镍铁渣粉的水化过程与产物

1. 水化过程

将 $Ca(OH)_2$、CaO、NaOH、KOH、Na_2CO_3、$Ca(OH)_2$ 与 $CaSO_4 \cdot 2H_2O$ 复合激发剂划分为弱碱激发剂 [$Ca(OH)_2$、CaO、Na_2CO_3、$Ca(OH)_2$ 与 $CaSO_4 \cdot 2H_2O$ 复合激发剂] 和强碱激发剂（NaOH、KOH）。在弱碱环境和 0.3 水灰比条件下，碱激发镍铁渣粉的水化放热曲线如图 4-1 所示。

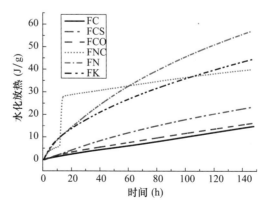

图 4-1　碱激发镍铁渣粉的水化放热曲线

图 4-2 为各种碱激发镍渣粉浆体的水化放热曲线，样品 FC、FCO、FCS、FNC、FN、FK 的 150h 放热量分别为 14.8J/g、16.2J/g、23.5J/g、39.8J/g、57.1J/g、44.3J/g，可见弱碱激发镍铁渣粉的水化放热量较强碱略低。

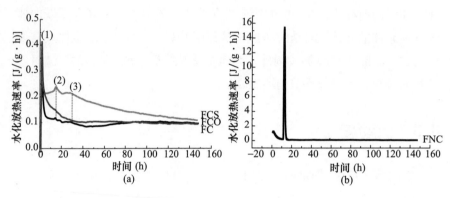

图 4-2　弱碱激发镍铁渣粉的水化过程

(a) FC、FCO、FCS；(b) FNC

相比氢氧化钙激发，氧化钙、氢氧化钙与石膏复合激发镍铁渣粉浆体均可以提高其水化放热量。氧化钙溶于水会放热，另外，尽管氧化钙与氢氧化钙质量相同，但是氧化钙溶于水中可以形成更多的氢氧化钙。增加氢氧化钙的量可以增加碱激发镍铁渣粉体系的碱度，使更多的镍铁渣粉参与反应。而添加石膏可以使镍铁渣粉中的 Al_2O_3 参与钙矾石形成，促进镍铁渣粉的反应。碳酸钠激发镍铁渣粉浆体的水化放热要明显高于上述激发剂，同时碳酸钠激发镍铁渣粉浆体的水化放热有一个明显的突变，其原因尚不明确，需要进一步研究。

氢氧化钙、氧化钙、氢氧化钙与石膏复合激发镍铁渣粉浆体的水化过程类似 [图 4-2 (a)]，水化过程可以分为初始水化期、诱导期、加速期、衰减期和稳定期。初始放热峰（1）对应于镍铁渣颗粒初始表面能的释放以及初期镍铁渣、氢氧化钙、石膏之间的初始反应放热。主峰（2）主要与钙矾石以及较少的 C-S-H 的形成有关。而放热峰（3）主要与在氢氧化钙溶液条件下镍渣中新溶解的 Al_2O_3 重新参与反应形成的钙矾石有关。碳酸钠激发镍铁渣粉浆体的主要放热峰则可能与 $CaCO_3$ 的形成有关，因为 $CaCO_3$ 为 FNC 的主要水化产物。

2. 水化产物

由于碱激发镍铁渣粉的水化反应较慢，凝结时间较长，为了更清晰地了解碱激发镍铁渣粉的水化产物，采用 80℃蒸养 7h（S7h）、80℃蒸养 7d（S7d）、标养 28d（N28d）等条件对比碱激发镍铁渣粉的水化产物种类。

（1）Ca(OH)$_2$激发镍铁渣粉的水化产物。

图4-3为氢氧化钙（CH）激发镍铁渣在蒸养7h、蒸养7d与标养28d时的XRD图谱及蒸养7d条件下的DTG曲线。三种养护条件下，CH激发镍铁渣的水化产物，除了C-S-H主要为单碳Ca$_4$Al$_2$O$_6$CO$_3$·11H$_2$O和CaCO$_3$，而镁橄榄石、顽辉石的衍射峰并没有明显变化，说明镍铁渣的活性较小。

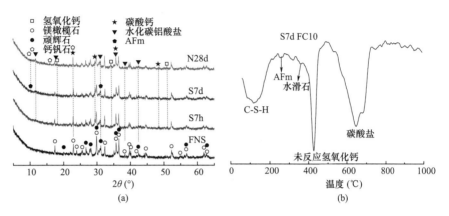

图4-3 CH激发镍铁渣的水化产物的XRD图谱与DTG曲线

（a）XRD图谱；（b）DTG曲线

单碳的形成，说明镍铁渣中Al$_2$O$_3$具有较高的活性，同时也说明镍铁渣中有CaCO$_3$参与了CH激发镍铁渣浆体水化产物的形成，而此部分CaCO$_3$来源于CH的碳化或者镍铁渣中碳酸盐与CH的反应。

尽管镍铁渣中的SO$_3$含量较少，但是似乎镍铁渣中的CO$_3^{2-}$及另外添加的OH$^-$代替SO$_4^{2-}$参与了AFt和AFm的形成[2-3]。同时，AFt和AFm的形成也说明镍铁渣中的SO$_3$为活性成分。

在蒸养7d条件下，CH激发镍铁渣浆体中发现水滑石的存在，与前述分析一致。

常温条件下，Ca(OH)$_2$饱和溶液的pH为12.5，碱性较低，而长期蒸养弥补了Ca(OH)$_2$溶液碱性较低的不足[4]。在高温和碱性环境共同作用下，镍铁渣玻璃体中的硅和铝溶解出来，参与形成了C-S-H与单碳等水化产物，从而为氢氧化钙激发镍铁渣提供强度。

蒸养7d条件下，CH激发镍铁渣中未反应镍铁渣颗粒与C-S-H形貌及组成见图4-4。可见，蒸养条件下CH激发镍铁渣的C-S-H形貌与纯水泥水化产物C-S-H的形貌相似［图4-4（c）和图4-4（d）］，主要为网状。而镍铁渣周围的网状水化产物，也证明镍铁渣颗粒发生了反应［图4-4（b）］。C-S-H的组成中Mg的含量较高，说明高温下镍铁渣中无定形状态的MgO参与了C-S-H的形成。另外，C-S-H能谱分析的结果也可能受到周围未反应镍铁渣颗粒的影响。

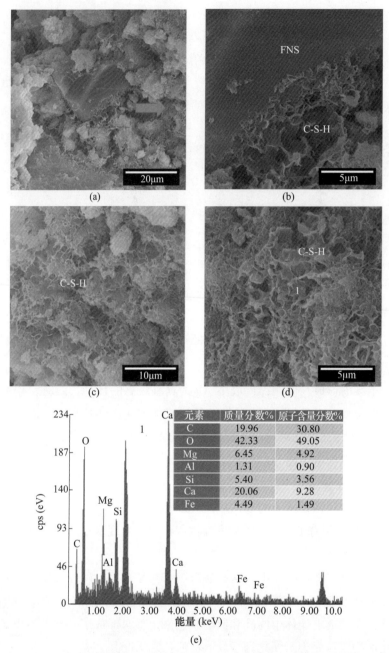

图4-4　蒸养7d条件下FC中未反应镍铁渣颗粒与C-S-H形貌及组成

（a）、（b）未反应镍铁渣颗粒；（c）、（d）C-S-H凝胶；（e）区域1的能谱结果

（2）CaO激发镍铁渣的水化产物。

CaO激发镍铁渣蒸养7d水化产物XRD曲线与DTG曲线如图4-5所示。CaO激发镍铁渣的水化产物主要为C-S-H、$Ca_4Al_2O_6CO_3 \cdot 11H_2O$、$CaCO_3$、AFm、水滑石和CH，除了CH含量较多外，其余与CH激发镍铁渣水化产物基本相同。

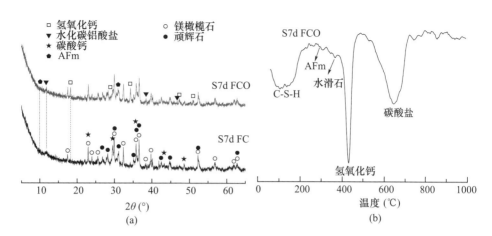

图 4-5 蒸养 7d FCO 的水化产物 XRD 曲线与 DTG 曲线

（a）XRD 曲线；（b）DTG 曲线

蒸养 7d 条件下 CaO 激发镍铁渣水化产物 C-S-H 形貌与组成如图4-6所示。可见，CaO 激发镍铁渣的 C-S-H 表面含有空心的、残缺的晶体壳，这些空心壳可能是未反应完的氧化钙［图 4-6（b）］。相比 CH，CaO 激发镍铁渣的水化产物生长得更加饱满，且结构更为密实，预示着 CaO 激发镍铁渣具有较高的强度；另外，CaO 激发镍铁渣的 C-S-H 组成中，具有更高的 Mg 含量、更低的 Ca/Si，说明 CaO 激发镍铁渣的水化程度更高。

CaO 激发镍铁渣的作用类似于 CH，但是 1 份 CaO 相当于 1.32 份 CH，同时 CaO 与水形成 CH 的反应会释放出大量的热（每摩尔 CaO 溶解释放 64.45kJ 热，而 CH 是 17.8kJ[5]），这会加速镍铁渣玻璃体中各相的溶出，并加速镍铁渣的反应。另外，CaO 与水反应，消耗了 CaO 激发镍铁渣浆体中的自由水，从而有助于提高 CaO 激发镍铁渣浆体的密实度。

（a）   （b）

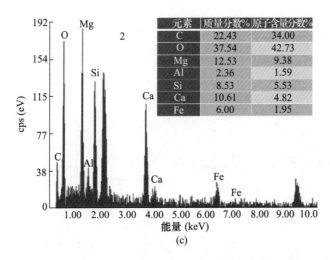

元素	质量分数/%	原子含量分数/%
C	22.43	34.00
O	37.54	42.73
Mg	12.53	9.38
Al	2.36	1.59
Si	8.53	5.53
Ca	10.61	4.82
Fe	6.00	1.95

图 4-6　蒸养 7d 条件下 FCO 水化产物 C-S-H 形貌与区域 2 的能谱分析

（a）、（b）C-S-H 形貌；（c）区域 2 的能谱结果

（3）$Ca(OH)_2$ 与 $CaSO_4 \cdot 2H_2O$ 复合激发镍铁渣的水化产物。

图 4-7 为蒸养 7d 条件下 CH 与石膏复合激发镍铁渣的 XRD 曲线与 DTG 曲线。可见，CII 与石膏复合激发镍铁渣的水化产物主要为 C-S-H、AFt、AFm、$CaCO_3$ 及钙矾石分解产生的石膏，同时也生成了水滑石。

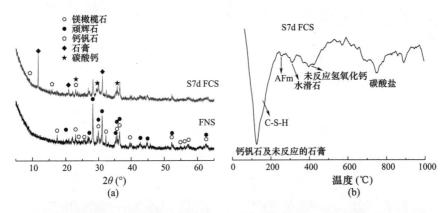

图 4-7　蒸养 7d FCS 水化产物的 XRD 曲线与 DTG 曲线

（a）XRD 曲线；（b）DTG 曲线

蒸养 7d 条件下 CH 和石膏复合激发镍铁渣浆体的水化产物与形貌如图 4-8 所示。可见 CH 和石膏复合激发镍铁渣浆体中有水滑石生成［图 4-8（b）］。说明镍铁渣中的活性氧化镁在蒸养 7d 条件下参与了水化反应，同时说明在石膏和 CH 复合激发条件下有助于碱激发镍铁渣中水滑石的形成。而其 C-S-H 中，同样有较多的 Mg 出现，同时含有少量的 Al，形貌同水泥的水化产物 C-S-H ［图 4-8（d）和图 4-8（e）］。

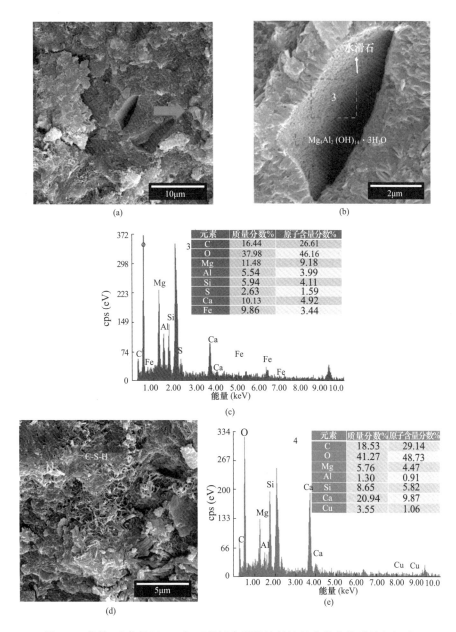

图 4-8 蒸养 7d 条件下 CH 与石膏复合激发镍铁渣的水化产物形貌与组成

(a) ～ (c) 水滑石及其能谱结果；(d)、(e) C-S-H 及其能谱结果

(4) Na_2CO_3 激发镍铁渣的水化产物。

蒸养 7d 条件下 Na_2CO_3 激发镍铁渣水化产物的 XRD 曲线与 DTG 曲线如图 4-9 所示，其水化产物主要为 C-S-H、$CaCO_3$、碳酸钠水合物 [$Na_2CO_3 \cdot 10H_2O$、$Na_3H(CO_3)_2 \cdot 2H_2O$]、晶体相 N-A-S-H [$Na_3Al_3Si_5O_{16} \cdot 6H_2O$、$Na_4Al_3Si_3O_{12}(OH)$] 及 N-A-S-H 凝胶。尽管 Na_2CO_3 引入了 CO_3^{2-}，但是没有水化碳铝酸盐生成，一方面是因为钠铝硅水化产物的形成消耗了 Al_2O_3，另一方面是因为镍铁渣中 Al_2O_3 较低，只有 6.56%。

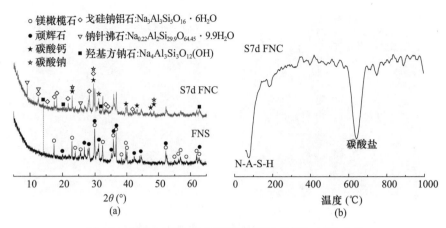

图 4-9　蒸养 7d FNC 的水化产物 XRD 曲线与 DTG 曲线

（a）XRD 曲线；（b）DTG 曲线

　　蒸养 7d 条件下 Na_2CO_3 激发镍铁渣的水化产物形貌如图 4-10 所示。可见，Na_2CO_3 激发镍铁渣的水化产物较少，水化产物相互之间没有联系 ［图 4-10（a）和图 4-10（b）］，因此其强度比较低，其水化产物中主要为碳酸钙。而镍铁渣表面也可见尺寸较小的 C-S-H 形成 ［图 4-10（c）和图 4-10（d）］。

图 4-10　蒸养 7d 条件下 FNC 的水化产物形貌

（a）、（b）$CaCO_3$；（c）、（d）C-S-H

4.4.2 强碱激发镍铁渣粉的水化过程与产物

1. 水化过程

强碱激发镍铁渣粉浆体的水化放热曲线如图 4-1 所示。强碱激发镍铁渣粉浆体的水化热明显高于弱碱，其中 FN、FK 浆体在 150h 放热量分别为 57.1J/g 和 44.3J/g，分别是氢氧化钙激发镍铁渣粉浆体水化热的 3.86 倍和 2.99 倍。

NaOH、KOH 激发镍铁渣粉的水化放热过程如图 4-11 所示。FN、FK 浆体初始水化放热峰逐渐降低，说明在早期 NaOH、KOH 对镍渣的激发效果依次降低。同样地，初始水化放热峰对应着镍铁渣颗粒初始表面能的释放以及初期镍铁渣、氢氧化钠、氢氧化钾之间的初始反应放热。除此之外，FN、FK 浆体的放热峰都很少，其几个微弱的放热峰可能跟 C-S-H、少量钙矾石以及 N(K)-A-S-H 等水化产物的形成有关，这些结果还需进一步确认。

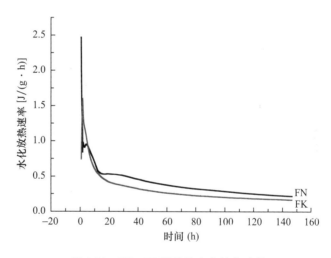

图 4-11　FN、FK 浆体的水化放热过程

2. 水化产物

（1）NaOH 激发镍铁渣的水化产物。

蒸养 7d 条件下 NaOH 激发镍铁渣水化产物 XRD 曲线与 DTG 曲线如图4-12所示。水化产物主要为 C-S-H、$Na_4Al_3Si_3O_{12}(OH)$、$Ca_4Al_2O_6CO_3 \cdot 11H_2O$、N-A-S-H 凝胶与碳酸钙。由于镍铁渣中 CaO 的含量较少，在没有外来钙源的条件下，形成的碳酸钙较少。而由于 $Na_4Al_3Si_3O_{12}(OH)$ 和 N-A-S-H 的形成均需要消耗 Al_2O_3，以及镍铁渣中 CaO 的含量较少，因此形成的 $Ca_4Al_2O_6CO_3 \cdot 11H_2O$ 也相对较少。$Ca_4Al_2O_6CO_3 \cdot 11H_2O$ 的形成说明镍铁渣中的 CaO 是一种活性组分。但与 CH、

CaO 在蒸养条件下激发镍铁渣不同，NaOH 激发镍铁渣的水化产物中未发现有水滑石产生。

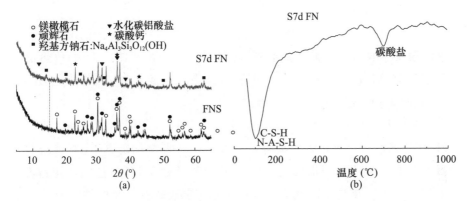

图 4-12　蒸养 7d FN 浆体的水化产物 XRD 曲线与 DTG 曲线

（a）XRD 曲线；（b）DTG 曲线

相比 CH、CaO，NaOH 作为一种强碱，更容易解聚镍铁渣的玻璃体结构，使其硅氧键和铝氧键断裂，同时，钠离子也有提高镍铁渣玻璃体活性的作用，可以促进玻璃体的解聚，因此，NaOH 常作为碱激发材料的主要激发剂之一。但是，NaOH 的价格更贵，为 CH 与 CaO 价格的 5~6倍[6]。

蒸养 7d 条件下 NaOH 激发镍铁渣水化产物的形貌与组成如图 4-13 所示。蒸养条件下镍铁渣的水化产物主要有两种：一种是球形 N-A-S-H，此种水化产物的 Na/（Mg + Ca）值较高，为 2.57 ［图 4-13（c）］；另一种是网状的 C-S-H，其 Na/（Mg + Ca）值较低，仅为 0.40 ［图 4-13（e）］。两种水化产物中均见有较多的 Mg，说明 Mg 参与了水化产物的形成[7]。

(a)

(b)

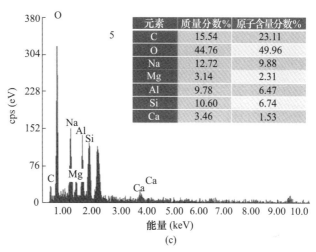

元素	质量分数%	原子含量分数%
C	15.54	23.11
O	44.76	49.96
Na	12.72	9.88
Mg	3.14	2.31
Al	9.78	6.47
Si	10.60	6.74
Ca	3.46	1.53

(c)

(d)

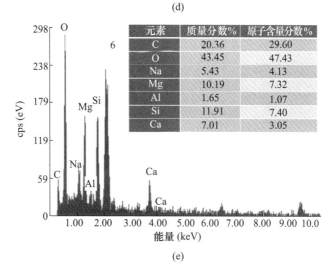

元素	质量分数%	原子含量分数%
C	20.36	29.60
O	43.45	47.43
Na	5.43	4.13
Mg	10.19	7.32
Al	1.65	1.07
Si	11.91	7.40
Ca	7.01	3.05

(e)

图 4-13 蒸养 7d 条件下 FN 中 N-A-S-H 的形貌与组成

（a）、（b）球形 N-A-S-H；（c）区域 5 的能谱结果；

（d）网状 C-S-H；（e）区域 6 的能谱结果

（2）KOH 激发镍铁渣的水化产物。

蒸养 7d 条件下 KOH 激发镍铁渣水化产物的 XRD 曲线与 DTG 曲线如图 4-14 所示。可见，其水化产物主要为 C-S-H、$KAl_4(Si, Al)_8 O_{10}$ $(OH)_4 \cdot 4H_2O$、K-A-S-H 凝胶及碳酸钙，而且晶体水化产物相对较少，同样未见有明显的水滑石产生。

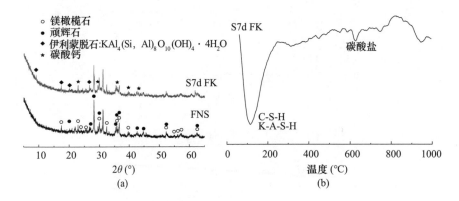

图 4-14　蒸养 7d FK 的水化产物 XRD 曲线与 DTG 曲线

(a) XRD 曲线；(b) DTG 曲线

蒸养 7d KOH 激发镍铁渣的水化产物 K-A-S-H 的形貌与组成如图 4-15 所示。蒸养条件下 KOH 激发镍铁渣的水化产物主要有两种形貌：一种为 K-A-S-H，类似打结的麻绳［图 3-8（b）］，其 K/（Mg + Ca）值较高，为 0.78 ［图 4-15（c）］；另一种为纤维状的 C-S-H，其 K/（Mg + Ca）值较低，为 0.30 ［图 4-15（f）］。

(a)　　　　　　　　　　　　　(b)

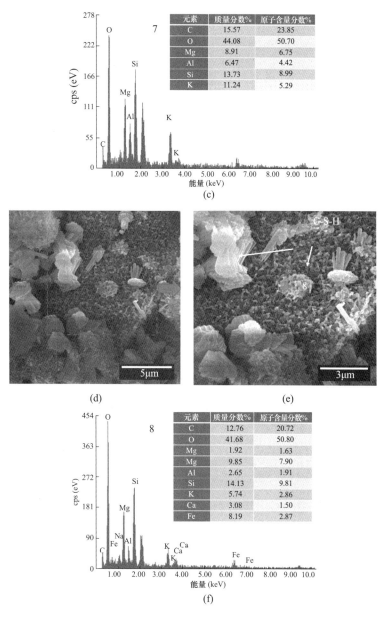

图 4-15　蒸养 7d FK 的水化产物 K-A-S-H 的形貌与组成

（a）、（b）结状 K-A-S-H；（c）区域 7 的能谱结果；

（d）、（e）纤维状 C-S-H；（f）区域 8 的能谱结果

4.5　力学性能

不同碱激发镍铁渣在各种养护条件下的抗压强度与抗折强度如图 4-16所示。

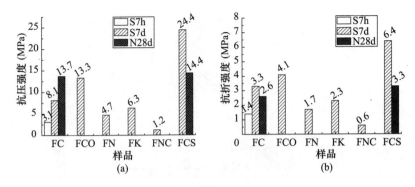

图 4-16　不同碱激发剂激发镍铁渣硬化浆体的强度

（a）抗压强度；（b）抗折强度

标准养护 28d 条件下 CH 激发镍铁渣的抗压、抗折强度为 13.7MPa 和 2.6MPa，这个结果说明镍铁渣活性较低；在蒸养 7h 时，抗压、抗折强度分别为 3.1MPa 和 1.4MPa，短期蒸养效果并不明显；在蒸养 7d 时，抗压、抗折强度分别为 8.1MPa 和 3.3MPa，强度增加效果也不很明显。

FCO 在蒸养 7d 后的抗压强度达到 13.3MPa，这与 CaO 水化初期放出大量的热并吸附 FCO 浆体中的水有关。在相同条件下，FN、FK、FNC 的抗压强度仅分别为 4.7MPa、6.3MPa 和 1.2MPa，激发效果并不明显。同条件下 CH 和石膏复合激发的镍铁渣浆体抗压、抗折强度分别达到 24.4MPa 和 6.4MPa，远高于其标养 28d 的强度。

从上述强度结果可知，蒸养 7d 条件下碱激发镍铁渣浆体的强度顺序为 FCS > FCO > FC > FK > FN > FNC，说明增加镍铁渣中 CaO 和 SO_3^{2-} 的含量可以明显提高镍铁渣的活性，而单纯的 Na^+、K^+、CO_3^{2-} 在蒸养条件下激发镍铁渣的效果并不好。

4.6　本章小结

分别采用 $Ca(OH)_2$、CaO、NaOH、KOH、Na_2CO_3，以及 $Ca(OH)_2$ 与石膏复合等激发剂在 0.3 水灰比条件下激发镍铁渣粉发现，CaO 激发镍铁渣粉的凝结时间最短，Na_2CO_3 激发镍铁渣粉的凝结时间最长，达到 59h；$Ca(OH)_2$、CaO、$Ca(OH)_2$ 与石膏激发镍铁渣粉浆体的流动度较小，而 NaOH、KOH、Na_2CO_3 激发镍铁渣粉的流动度则较大。

在 80℃蒸养 7d 的条件下，$Ca(OH)_2$、CaO、$Ca(OH)_2$ 与石膏复合激发镍铁渣粉水化产物主要以 C-S-H 为主，NaOH、KOH、Na_2CO_3 激发镍铁渣粉水化产物主要以 C-S-H、N(K)-A-S-H 为主，另外还有水滑石形成，说明玻璃体相中 MgO 参与了水化反应。长期蒸养条件下，$Ca(OH)_2$

与石膏复合激发镍铁渣粉的抗压、抗折强度最好，而 Na_2CO_3 激发的强度最低。

参考文献

［1］ALTAN E，ERDOGAN S T. Alkali activation of a slag at ambient and elevated temperatures［J］. Cement and Concrete Composites，2012，34（2）：131-139.

［2］POELLMANN H，KUZEL H J，WENDA R. Solid solution of ettringites part Ⅰ：incorporation of OH^- and CO_3^{2-} in $3CaO \cdot Al_2O_3 \cdot 32H_2O$［J］. Cement and Concrete Research，1990，20（6）：941-947.

［3］TAYLOR H F W. Cement chemistry［M］. London：Thomas Telford，1997.

［4］刘宝举. 粉煤灰作用效应及其在蒸养混凝土中的应用研究［D］. 长沙：中南大学，2007.

［5］KIM M S，JUN Y，LEE C，et al. Use of CaO as an activator for producing a price-competitive non-cement structural binder using ground granulated blast furnace slag［J］. Cement and concrete research，2013，54：208-214.

［6］VACCARI M，GIALDINI F，COLLIVIGNARELLI C. Study of the reuse of treated wastewater on waste container washing vehicles［J］. Waste management，2013，33（2）：262-267.

［7］李保亮. 水泥-镍渣-锂渣二元及三元复合胶凝材料的水化机理及耐久性［D］. 南京：东南大学，2019.

5 碱激发镍铁渣-矿渣粉复合胶凝材料的 水化、力学性能与收缩性能

5.1 引言

镍铁渣在碱激发环境下能够被激发，同时，已有的文献报道也论证了镍铁渣作为典型的硅铝质材料可用于制备碱激发胶凝材料[1-3]。然而，为了弥补镍铁渣低活性的天然缺陷，需要在碱激发纯镍铁渣体系中加入其他类固废材料。事实证明，镍铁渣与其他固废的复掺有利于优化碱激发复合胶凝材料体系的各项性能，如提高强度[4]和优化耐久性能[5]。

矿渣是钙含量较高的工业冶金废渣，在碱激发体系中的研究最早，效果也最好。碱激发矿渣胶凝材料虽具有凝结硬化快和强度高等优异性能，但其收缩大[6]、易碳化[7]等缺陷极大地限制了其在工程中的实际应用。鉴于优质矿渣越来越少[8]，用镍铁渣粉部分取代矿渣粉应用于碱激发体系，期待镍铁渣在复合体系中对碱激发矿渣胶凝材料的性能有所改善，增加镍铁渣的应用场景，同时提高镍铁渣的利用率[9]。

5.2 凝结时间

镍铁渣粉掺量和激发剂种类对碱激发镍铁渣-矿渣复合胶凝材料凝结时间的影响见表 5-1。与碱激发纯矿渣体系的凝结时间相比，镍铁渣掺量为 20% 和 40% 时，对碱激发复合体系的初凝时间和终凝时间影响较小，其初凝时间小于 1h，终凝时间为 75min 左右；当镍铁渣掺量达到 60% 时，碱激发复合体系的初凝时间延长至 70min 左右，终凝时间延长至 109min 左右。由于镍铁渣的活性较低，其水化活性难以及时有效地得到激发，硅酸钠和氢氧化钠激发纯镍铁渣体系的水化反应过程缓慢，在 24h 内均不能达到终凝。此外，氢氧化钠激发纯镍铁渣体系的凝结时间远小于硅酸钠激发体系，这也在一定程度上说明氢氧化钠对镍铁渣活性的激发效果优于硅酸钠。

与氢氧化钠激发复合体系相比，硅酸钠激发镍铁渣-矿渣复合体系

的凝结时间较短，这可能是由于硅酸钠激发体系中存在着大量来源于硅酸钠溶液中的活性 SiO_4^{4-} 低聚物，其与镍铁渣和矿渣中溶解出来的 Ca^{2+} 反应较快，导致硅酸钠激发体系快速凝结。

表 5-1　镍铁渣粉掺量和激发剂种类对碱激发镍铁渣-矿渣复合胶凝材料凝结时间的影响

样品编号	凝结时间	
	初凝（min）	终凝（min）
W-F0G100	53	75
W-F20G80	54	75
W-F40G60	58	77
W-F60G40	70	109
W-F100G0	1236	1972
N-F0G100	58	73
N-F20G80	62	82
N-F40G60	70	91
N-F60G40	75	99
N-F100G0	1070	1420

注：W—硅酸钠激发剂；N—氢氧化钠激发剂；F—镍铁渣粉；G—矿渣粉；F、G 后数值
　　分别代表镍铁渣粉和矿渣粉的掺量（%）。

5.3　水化产物

5.3.1　XRD 分析

图 5-1 和图 5-2 分别为硅酸钠和氢氧化钠激发镍铁渣-矿渣复合体系 90d 后反应产物的 XRD 图谱。不同碱激发复合体系水化产物中的物相组成相似，主要反应产物相中除了来自于未反应镍铁渣中的镁橄榄石、顽辉石、斜顽辉石和未反应矿渣中的钙铝黄长石外，碱激发胶凝材料中还生成了一种类水滑石类物质——水化产物镁铝氢氧化物 [$Mg_4Al_2(OH)_{14} \cdot 3H_2O$，JCPDS 35-0964]。然而，两个不同激发体系中生成的 C-S-H 凝胶相不同，硅酸钠激发体系中生成 C-S-H（JCPDS 33-0306），氢氧化钠激发体系中则生成 C-S-H（1）（JCPDS 34-0002）。

碱激发矿渣胶凝材料中 C-S-H 凝胶产物主要由碱性激发过程中矿渣颗粒中溶出的 Ca、Si 组分反应生成。由于镍铁渣的水化活性较低，同时镍铁渣中的钙质含量远低于矿渣，因此，随着镍铁渣掺量的提高，碱激发复合体系中的水化产物 C-S-H 的衍射峰强度明显下降，而镍铁渣中 Mg_2SiO_4 和 $MgSiO_3$ 矿物相衍射峰的峰强则有所提升。

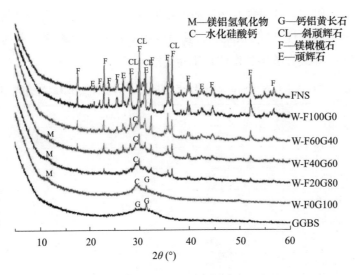

图 5-1　硅酸钠激发镍铁渣-矿渣复合胶凝材料水化 90d 的 XRD 图谱

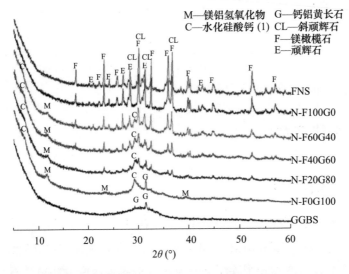

图 5-2　氢氧化钠激发镍铁渣-矿渣复合胶凝材料水化 90d 的 XRD 图谱

从 XRD 衍射图谱中可以看出，与硅酸钠激发体系相比，氢氧化钠激发体系中生成的反应产物相相对复杂，其中 C-S-H 凝胶更具有序性（半结晶），这从 29°处相对尖锐的衍射峰可以看出。硅酸钠激发体系中生成的水化产物 C-S-H 相仅在 29°处出现衍射峰，而氢氧化钠激发体系中生成的水化产物 C-S-H（1）相在 7°和 29°处均出现了相应的衍射峰，这说明在硅酸钠和氢氧化钠激发体系中生成的水化产物相具有不同晶胞参数。这与已有文献 [10] 研究结果相似，在不同碱激发体系中，由于激发剂和反应原材料的不同，碱激发体系中生成的水化产物类型也有所差异，而这也导致两组激发体系的收缩性质和孔结构的不同。

鉴于镍铁渣中的镁含量较高，在镍铁渣的激发反应过程中有可能生成导致体积稳定性和长期耐久性问题的 $Mg(OH)_2$，但是在两种碱激发体系的 XRD 的结果中均没有发现这种物相的存在。结合第 3 章镍铁渣在碱溶液中的溶出过程可知，镍铁渣中的含镁物相在碱激发体系中能够发生反应，但溶出的 Mg 并不会以 $Mg(OH)_2$ 相的形式存在，而是会参与水滑石等水化产物的形成。从另一方面分析，有研究表明[11]，水泥体系中易存在 $Mg(OH)_2$ 相与水泥体系中低含量的 Al 和 Si 的浓度有关，而碱激发体系胶凝材料孔溶液中 Al 和 Si 的浓度比普通硅酸盐水泥体系浆体要高出许多，这也在一定程度上导致了在碱激发体系中难以生成 $Mg(OH)_2$ 相。

5.3.2   FTIR 分析

图 5-3 和图 5-4 分别为硅酸钠和氢氧化钠激发纯镍铁渣和纯矿渣胶凝材料在不同龄期的 FTIR 图谱。吸收峰频率高于 $1600cm^{-1}$ 的区域主要与碱激发体系中生成的水化产物中的水分子有关，其中 $3450cm^{-1}$ 处的吸收峰对应水分子的伸缩振动，$1640cm^{-1}$ 处的吸收峰对应水分子的弯曲振动[12]。从图 5-3、图 5-4 中可以看出，硅酸钠激发体系的 FTIR 图谱中相应区域的吸收峰强度明显高于氢氧化钠激发体系，这说明在硅酸钠激发体系中存在的结合水量较大，即在该体系中生成的水化产物较多，而这也可能就是碱激发纯矿渣胶凝材料的力学性能高于其他体系和组别的原因所在。在 $1490cm^{-1}$ 和 $1410cm^{-1}$ 处出现的尖锐而强烈的吸收峰，主要归因于 O—C—O 键的伸缩振动[13]。用于微观测试分析用的碱激发试样在制备过程中不可避免地发生碳化现象，碱激发材料中存在的高碱度孔溶液吸收环境中的二氧化碳并生成类似于碳酸钙的碳化相，由于其生成量较小，在 XRD 的测试中并不能检测到，但是在 FTIR 的结果得到了体现。吸收峰频率在 $800 \sim 1200cm^{-1}$ 之间和 $460cm^{-1}$ 左右的吸收峰分别与 Si—O—Si(Al) 的非对称伸缩振动和 Si—O—Si 键的弯曲振动有关[14]。

在图 5-3 中，$995cm^{-1}$ 和 $880cm^{-1}$ 的吸收峰代表镍铁渣和水化产物中硅质相中的 Si—O—Si 键不对称拉伸振动[15]。与镍铁渣原料相比，碱激发镍铁渣胶凝材料 FTIR 图谱中这两处峰变窄，尤其是在氢氧化钠激发镍铁渣水化 90d 时，衍射峰强度明显增强，这一变化表明镍铁渣中玻璃相在碱性溶液中已部分溶解。此处的 FTIR 结果表明镍铁渣在碱激发体系中的相变过程，验证了镍铁渣在碱激发体系内的反应活性，而这也是镍铁渣能够在碱激发领域得以应用的理论基础。尽管在 FTIR 图谱中镍铁渣原料在 $510cm^{-1}$ 和 $430cm^{-1}$ 处分别是由 Si—O 和 Mg—O 振动引起的吸收峰，在碱激发前后并没有发生明显变化，但从第3章可知，来自镍铁渣中的 Mg 参与了水滑石和 N-A（M）-S-H 凝胶相的形成[4]。

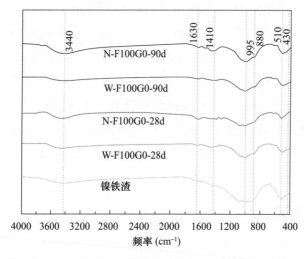

图5-3　硅酸钠和氢氧化钠激发纯镍铁渣和碱激发纯镍铁渣
胶凝材料水化 28d 和 90d 的 FTIR 图谱

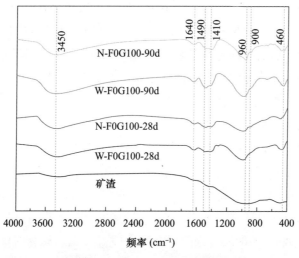

图5-4　硅酸钠和氢氧化钠激发纯矿渣和碱激发纯矿渣胶凝
材料水化 28d 和 90d 的 FTIR 图谱

从图5-4中可看出，与矿渣原材料相比，碱激发纯矿渣胶凝材料中 $900cm^{-1}$ 和 $960cm^{-1}$ 处的吸收峰变窄且变得更为尖锐，这表明来源于矿渣颗粒中的 Si、Al 成分在碱激发过程中已经融入产物中，吸收峰的频率变大表明有更多的富 Si 相被聚合到水化产物之中。此外，碱激发矿渣胶凝材料水化 90d 后的 FTIR 图谱中各吸收峰的强度均高于水化 28d 时的吸收峰的强度，这表明矿渣的水化作用是随着水化时间的延长而持续进行的，这也验证其力学强度随龄期的发展而逐渐升高的现象。

5.4　孔结构

为了探明镍铁渣对碱激发镍铁渣-矿渣复合渣胶凝材料的孔结构影响，采用 MIP 测试了复合激发体系 28d 和 90d 的孔结构，包括累计孔隙率和孔径分布，分别如图 5-5 和图 5-6 所示。镍铁渣的掺入不仅增加了所有龄期内碱激发复合胶凝材料的总孔隙率，而且明显地改变了孔径分布。

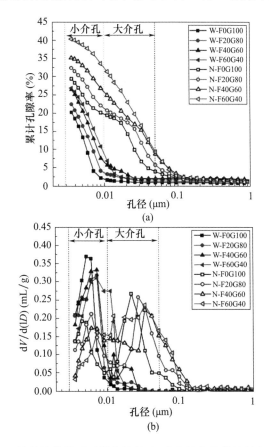

图 5-5　镍铁渣掺量对碱激发镍铁渣-矿渣复合胶凝材料水化 28d
孔结构的影响
（a）累计孔隙率；（b）孔径分布

从图 5-5（a）和图 5-6（a）中可看出，在相同的反应龄期内，氢氧化钠激发镍铁渣-矿渣复合胶凝材料的总孔隙率均远高于硅酸钠激发复合体系。在 28d 和 90d 时，氢氧化钠激发纯矿渣体系的总孔隙率分别为 29.43% 和 19.75%，仍然远高于镍铁渣掺量为 60% 的硅酸钠复合激发体系（其总孔隙率分别为 26.90% 和 14.72%）。在 28d 时，硅酸钠激发复合胶凝体系中大孔（>50nm）体积分数范围在 5%～8% 之间，而氢氧化钠激发复合体系中的大孔体积分数在 14% ~ 25% 之间。由于来自水玻璃中的 SiO_4^{4-} 与原材料中解离出来的 Ca^{2+} 迅速反应，导致硅酸钠激发体系的凝结时间较短，加速了水化产物生成，浆体致密度较高。由此可见，激发剂的种类在碱激发体系中凝胶的形成和硬化浆体的致密化过程中起着至关重要的作用。

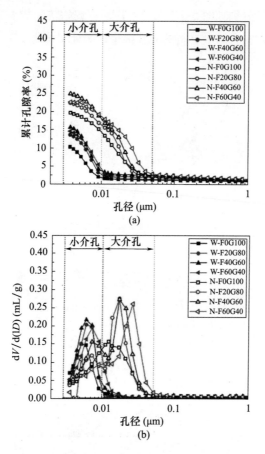

图 5-6　镍铁渣掺量对碱激发镍铁渣-矿渣复合胶凝材料
水化 90d 的孔结构的影响

（a）累计孔隙率；（b）孔径分布

随着镍铁渣掺量的提高，碱激发镍铁渣-矿渣复合胶凝材料硬化浆体的总孔隙率有不同程度的增加。在 28d 时，与激发纯矿渣体系相比，20%、40% 和 60% 镍铁渣掺量的硅酸钠激发复合体系的总孔隙率分别增加了 11.20%、31.37% 和 33.30%；20%、40% 和 60% 镍铁渣掺量的氢氧化钠激发复合体系的总孔隙率分别增加了 9.99%、19.67% 和 37.14%。镍铁渣的掺入对复合激发体系的反应程度产生不利影响，当碱激发复合体系中镍铁渣的掺量超过 20% 时，硬化浆体的总孔隙率明显提高，从而使抗折强度和抗压强度显著降低。

值得注意的是，在 90d 时，60% 镍铁渣掺量的复合碱激发试样 W-F60G40 和 N-F60G40 的总孔隙率分别为 14.72% 和 22.79%，分别小于 40% 镍铁渣掺量的复合碱激发试样 W-F40G60 和 N-F40G60 的总孔隙率（分别为 15.79% 和 25.11%）。这说明镍铁渣的掺入，导致碱激发复合体系早龄期的孔隙率增加和强度降低。但是随着龄期的延长，镍铁渣的潜在活性得到激发，镍铁渣会参与反应进程。因此，适宜掺量的镍铁渣仍有助于碱激发复合体系后期孔结构的密实和强度的发展。

此外，氢氧化钠激发镍铁渣-矿渣复合胶凝材料浆体的孔径分布呈现双峰曲线，一个峰在 3～10nm，另一个峰在 10～50nm。与之相对应，硅酸钠激发镍铁渣-矿渣复合胶凝材料浆体的孔径分布呈单峰曲线，峰值位于 3～10nm。该现象也使氢氧化钠激发复合体系总孔隙率高于硅酸钠激发体系，硬化浆体的致密度也低于硅酸钠激发体系，类似的现象在之前的研究中也有报道[16]。这种显著的差异可能与体系中反应产物的自身性质有关。不同碱激发体系中产生的 C-S-H 凝胶相有着各自特定的孔结构和微结构特性，从而导致基体材料在宏观物理性能上有不同的表现，如收缩和徐变等[17]。

碱激发镍铁渣-矿渣胶凝材料在 28d 和 90d 不同孔径大小的定量分布见表 5-2。硅酸钠激发复合体系中的介孔体积（<50nm）在 28d 时占总孔隙率的 92%～95%，而氢氧化钠激发复合体系中的介孔体积仅占 75%～86%。介孔体积的不同将影响碱激发胶凝材料的收缩性能[17]。

表 5-2 碱激发镍铁渣-矿渣胶凝材料在 28d 和 90d 不同孔径大小的定量分布

样品编号	小介孔体积分数（%）		大介孔体积分数（%）		人孔体积分数（%）	
	3～10nm		10～50nm		>50nm	
	28d	90d	28d	90d	28d	90d
W-F0G100	89	80	6	8	5	12
W-F20G80	81	76	13	9	6	15
W-F40G60	71	73	21	11	8	16
W-F60G40	60	62	33	28	7	10
N-F0G100	31	23	55	64	14	13
N-F20G80	32	25	50	66	18	9
N-F40G60	24	25	51	66	25	9
N-F60G40	17	16	60	72	23	12

5.5 力学性能

镍铁渣掺量和激发剂种类对碱激发镍铁渣-矿渣复合胶凝材料的早

期力学性能和后期强度发展均有很大的影响。从图 5-7 可以看出，当镍铁渣的掺量为 20% 和 40% 时，与氢氧化钠激发纯矿渣体系相比，氢氧化钠激发复合体系 28d 的抗折强度分别提高了 29.3% 和 8.0%，而 180d 的抗折强度仅分别降低了 1.0% 和 7.4%。然而，当镍铁渣的掺量提高至 60% 时，与氢氧化钠激发纯矿渣体系相比，氢氧化钠激发复合体系的抗折强度明显下降，28d 和 180d 的抗折强度分别下降 16.9% 和 19.2%。与硅酸钠激发纯矿渣体系相比较，40% 和 60% 镍铁渣掺量的硅酸钠激发复合体系 180d 的抗折强度分别降低了 10.6% 和 26.7%。复合体系中矿渣含量的降低，导致水化产物生成量减少，最终使复合碱激发体系的宏观力学强度发展缓慢甚至出现降低趋势。硅酸钠激发体系抗折强度下降较大的原因可能与其收缩引起微裂缝有关。

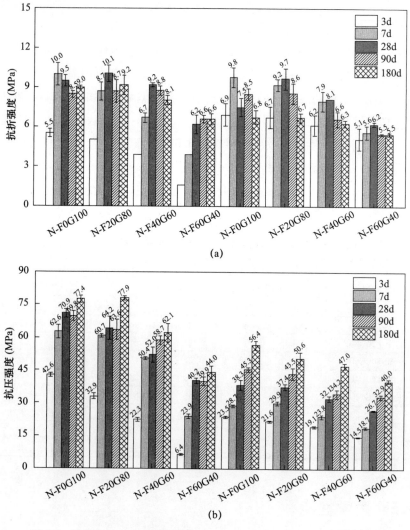

图 5-7　镍铁渣掺量对碱激发镍铁渣-矿渣复合胶凝材料力学性能影响

（a）抗折强度；（b）抗压强度

所有碱激发试样的抗压强度都随着养护时间的延长而不断增长，但随着镍铁渣掺量的提高而有所不同。尽管硅酸钠和氢氧化钠激发体系中的碱含量（Na_2O）相同，但是硅酸钠激发体系的抗压强度在所有龄期内均高于氢氧化钠激发体系。20%镍铁渣掺量的硅酸钠激发复合体系180d的抗压强度是所有组别试件中最高的，达到了78MPa。随着镍铁渣掺量的继续提高，抗压强度开始明显降低。与碱激发纯矿渣体系相比，40%和60%镍铁渣掺量的硅酸钠激发复合体系180d的抗压强度分别降低了19.7%和43.1%；60%镍铁渣掺量的氢氧化钠激发复合体系的抗压强度值下降最为显著，其28d和180d的抗压强度分别降低了30.3%和28.9%。

总体而言，随着镍铁渣掺量的增加，碱激发镍铁渣-矿渣复合体系的抗折和抗压强度呈下降趋势。由于低活性镍铁渣的主要成分为硅、镁组分，铝、钙组分的含量较少且远低于矿渣中的含量，因此，镍铁渣的掺入导致碱激发复合体系中钙和铝组分的匮乏，使反应产物C-(A)-S-H凝胶相的形成量减少，而这种产物正是强度发展的主要贡献者。

从理论上讲，抗折强度（F_s）与抗压强度（C_s）的比值可以反映材料的抗脆性断裂性能，且该比值越高，说明材料的韧性越好。碱激发镍铁渣-矿渣复合胶凝材料的抗折强度与抗压强度的关系如图5-8所示。硅酸钠激发复合体系的F_s/C_s在0.12~0.18，平均为0.15；氢氧化钠激发复合体系的F_s/C_s在0.13~0.34，平均为0.24。氢氧化钠激发体系的折压比明显高于硅酸钠激发体系，表明氢氧化钠激发镍铁渣-矿渣复合胶凝材料的韧性好于硅酸钠激发复合体系。镍铁渣掺量对碱激发复合体系韧性的影响并不明显。此外，同尺寸普通硅酸盐水泥砂浆试件的F_s/C_s通常在0.15~0.16[18]，这表明氢氧化钠激发胶凝材料的韧性优于普通硅酸盐水泥材料。

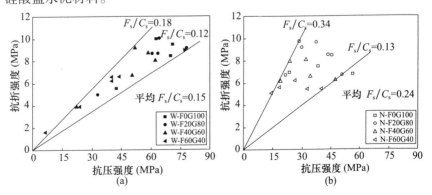

图5-8　碱激发镍铁渣-矿渣复合胶凝材料的折压比

（a）硅酸钠激发组；（b）氢氧化钠激发组

5.6　收缩特性

5.6.1　早期自收缩

图 5-9 显示镍铁渣掺量和激发剂种类对碱激发镍铁渣-矿渣复合胶凝材料早期自收缩的影响。氢氧化钠和硅酸钠激发复合体系的早期自收缩值均随着镍铁渣掺量的提高而逐渐降低。这是因为随着低活性镍铁渣掺量的提高，碱激发复合体系的反应速率和反应程度出现下降，使复合体系的早期自收缩值降低。由于矿渣的反应活性远高于镍铁渣[19]，且硅酸钠对矿渣的激发效果优于氢氧化钠，因此，在水化早期（24h 时），硅酸钠激发矿渣体系的早期自收缩值最高，且远高于氢氧化钠激发体系。硅酸钠激发矿渣早期（24h 内）较大的自收缩，降低了长龄期自收缩的测试起始值，这也就解释了图 5-10 中碱激发纯矿渣体系 1d 的自收缩介于 40% 和 60% 镍铁渣掺量复合体系之间的现象。

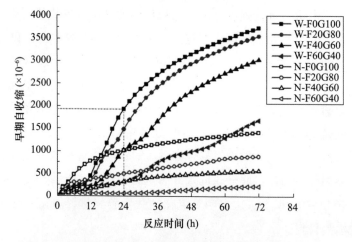

图 5-9　碱激发镍铁渣-矿渣复合胶凝材料的早期自收缩

在反应初期 12h 内，氢氧化钠激发体系的早期自收缩高于硅酸钠激发体系，由于早期自收缩与化学收缩即化学反应速率和反应程度相关，这似乎说明氢氧化钠激发体系在早期的反应速率和反应程度高于硅酸钠激发体系。

5.6.2　长龄期自收缩

图 5-10 显示镍铁渣掺量和激发剂种类对碱激发镍铁渣-矿渣复合胶凝材料长龄期自收缩的影响。硅酸钠激发体系的长龄期自收缩较高，其收缩值接近氢氧化钠激发体系的两倍。碱激发镍铁渣-矿渣复合体系的

长龄期自收缩在180d内均保持了稳定的增长趋势。

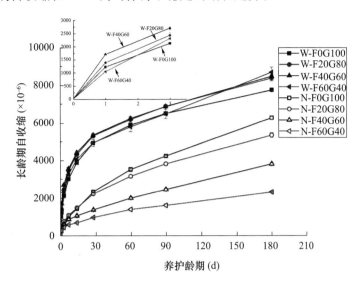

图 5-10　镍铁渣掺量和激发剂种类对碱激发镍铁渣-矿渣复合
胶凝材料的长龄期自收缩

　　硅酸钠激发复合体系的自收缩值随着镍铁渣掺量的增加而逐渐提高。在180d时，与碱激发纯矿渣体系相比较，20%、40%和60%镍铁渣掺量的硅酸钠激发复合体系的自收缩分别增加了8.15%、9.39%和12.19%。然而，在氢氧化钠激发体系中，随着镍铁渣掺量的提高，复合激发体系的自收缩值显著降低。镍铁渣掺量为20%、40%和60%时，氢氧化钠激发镍铁渣-矿渣复合体系的自收缩值分别降低了14.83%、39.24%和63.09%。Lee 等[20]的研究表明，碱激发体系的反应程度是其自收缩发展的决定性因素，而碱性激发剂的种类和激发前驱物组成（包括种类和含量变化）对碱激发复合体系的反应进程有显著的影响。

　　需要注意的是，硅酸钠激发纯矿渣体系在1d时的自收缩值低于20%和40%镍铁渣掺量的复合体系，且其长龄期自收缩值在180d时最小。长龄期自收缩是从新拌净浆试样浇筑成型24h后开始测试的。由于碱激发体系的早期反应迅速，尤其是在24h内的凝结阶段，因此，在反应初期发生的收缩行为表征对全面研究碱激发体系的自收缩特性至关重要。

5.6.3　长龄期干燥收缩

　　图5-11 显示镍铁渣掺量和激发剂种类对碱激发镍铁渣-矿渣复合胶凝材料长龄期干燥收缩的影响。与自收缩结果相似，硅酸钠激发复合体系的干燥收缩值明显大于氢氧化钠激发体系，且接近氢氧化钠激发体系的3倍，这主要与硅酸钠激发复合体系的介孔含量较高有关[17]，见

表 5-2。硅酸钠激发复合体系的干燥收缩值会影响其折压比，这是由于收缩越大，其微裂缝越多。硅酸钠和氢氧化钠激发纯矿渣体系的净浆试样在 180d 的干燥收缩值分别达到 14740με 和 8410με，这与其他文献报道结果相近[18,21]。

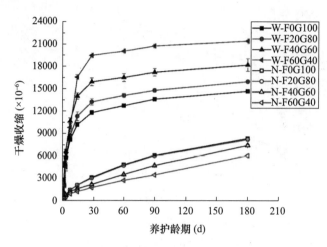

图 5-11 镍铁渣掺量和激发剂种类对碱激发镍铁渣-矿渣复合
胶凝材料的长龄期干燥收缩

在硅酸钠激发复合体系中，80% ~90% 的干燥收缩发生在 28d 内，而在 28d 后，其干燥收缩随着反应时间的变化曲线趋于平缓。同时，随着镍铁渣掺量的提高，硅酸钠激发镍铁渣-矿渣复合体系的干燥收缩逐渐提高。在 180d 时，与硅酸钠激发纯矿渣体系相比，20%、40% 和 60% 镍铁渣掺量复合体系的干燥收缩率分别增加了 8.86%、23.95% 和 45.88%。这一现象背后的原因应该从两个角度来考虑：首先，由于镍铁渣的活性远低于矿渣，镍铁渣的掺入降低了复合碱激发体系的反应程度，意味着镍铁渣掺量较高的组别中留存着更多未反应完全的来自硅酸钠中的 SiO_4^{4-}，而这种富硅质凝胶本身具有自收缩大的特性，因此，在 W-F60G40 试样中残留的硅酸钠含量越高，其干燥收缩率越高。其次，根据 Neto 等[16]对碱激发胶凝材料收缩机理的研究，碱激发镍铁渣-矿渣复合体系中的介孔（孔径 3 ~50nm）体积对收缩行为有直接影响。

与硅酸钠激发体系相比，氢氧化钠激发镍铁渣-矿渣复合体系的干燥收缩率在 180d 内呈现持续增大的趋势。同时，值得注意的是，随着镍铁渣掺量的增加，氢氧化钠激发体系的干燥收缩值逐渐降低。在 180d 时，40% 和 60% 镍铁渣掺量氢氧化钠激发复合体系的干燥收缩率分别比氢氧化钠激发纯矿渣体系降低了 10.92% 和 27.41%。Tennis 等[17]曾提出了两种类型的 C-S-H 模型，以证明不同 Ca/Si 比的反应产物与水泥基材料的宏观收缩、徐变等物理特性之间的强相关性。因此，除了利用孔结构理论对碱激发胶凝材料的收缩进行阐述，不同碱激发体系中水化产物的特性也可用于解释其收缩行为。

5.7　本章小结

本章介绍了分别采用硅酸钠和氢氧化钠作为激发剂制备的碱激发镍铁渣-矿渣复合胶凝材料的凝结时间、水化产物、力学强度、自收缩和干缩性能，同时探讨了碱激发复合胶凝材料的孔结构与其收缩特性之间的联系。主要结论如下：

（1）镍铁渣在碱激发体系中可被有效激发，镍铁渣在后期可参与碱激发体系反应进程。镍铁渣的掺量低于40%时，其掺入对复合碱激发体系的初凝时间和终凝时间没有显著影响，而镍铁渣掺量达到60%时，凝结时间显著延长。镍铁渣掺量低于20%时，可提高碱激发镍铁渣-矿渣复合胶凝材料28d的抗折强度，复合体系的抗压强度降低较小；掺量高于20%时，碱激发复合体系的力学性能明显降低。

（2）硅酸钠激发体系的自收缩和干燥收缩均远高于氢氧化钠激发体系。在硅酸钠激发镍铁渣-矿渣复合体系中，胶凝材料的早期自收缩随着镍铁渣的掺入而明显降低，长龄期自收缩和长龄期干燥收缩随着镍铁渣的掺入而显著增大；在氢氧化钠激发镍铁渣-矿渣复合体系中，胶凝材料的长龄期自收缩、早期自收缩和长龄期干燥收缩均随着镍铁渣掺量的提高而明显减小。硅酸钠和氢氧化钠激发镍铁渣-矿渣复合体系的孔隙率均随着镍铁渣掺量的增加而提高。镍铁渣的掺入显著地改变了碱激发复合体系中的孔径分布。在氢氧化钠激发复合体系中，导致高干燥收缩率的介孔体积要小于硅酸钠激发体系，使氢氧化钠激发体系的收缩值低于硅酸钠激发体系。

参考文献

［1］ KOMNITSAS K, ZAHARAKI D, PERDIKATSIS V. Geopolymerisation of low calcium ferronickel slags［J］. Journal of Materials Science, 2007, 42（9）：3073-3082.

［2］ KOMNITSAS K, ZAHARAKI D, BARTZAS G. Effect of sulphate and nitrate anions on heavy metal immobilisation in ferronickel slag geopolymers［J］. Applied Clay Science, 2013, 73：103-109.

［3］ SAKKAS K, NOMIKOS P, SOFIANOS A, et al. Inorganic polymeric materials for passive fire protection of underground constructions［J］. Fire and Materials, 2013, 37（2）：140-150.

［4］ YANG T, YAO X, ZHANG Z. Geopolymer prepared with high-magnesium nickel slag：Characterization of properties and microstructure［J］. Construction and Building Materials, 2014, 59：188-194.

［5］ YANG T, WU Q, ZHU H, et al. Geopolymer with improved thermal stability by incorporating high-magnesium nickel slag［J］. Construction and Building Materials, 2017, 155：475-484.

［6］ YE H, CARTWRIGHT C, RAJABIPOUR F, et al. Understanding the drying shrinkage performance of alkali-activated slag mortars［J］. Cement and Concrete Composites, 2017, 76：13-24.

［7］ PUERTAS F, PALACIOS M, VÁZQUEZ T. Carbonation process of alkali-activated slag mortars［J］. Journal of Materials Science, 2006, 41（10）：3071-3082.

［8］ HEATII A, PAINE K, MCMANUS M. Minimising the global warming potential of clay based geopolymers［J］. Journal of Cleaner Production, 2014, 78（78）：75-83.

［9］ CAO R, LI B, YOU N, et al. Properties of alkali-activated ground granulated blast furnace slag blended with ferronickel slag［J］. Construction and Building Materials, 2018, 192：123-132.

［10］ HAHA M B, SAOUT G L, WINNEFELD F, et al. Influence of activator type on hydration kinetics, hydrate assemblage and microstructural development of alkali activated blast-furnace slags［J］. Cement and Concrete Research, 2011, 41（3）：301-310.

［11］ MYERS R J, BERNAL S A, PROVIS J L. Phase diagrams for alkali-activated slag binders［J］. Cement and Concrete Research, 2017, 95：30-38.

［12］ LECOMTE I, HENRIST C, LIÉGEOIS M, et al. （Micro）-structural comparison between geopolymers, alkali-activated slag cement and Portland cement［J］. Journal of the European Ceramic Society, 2006, 26（16）：3789-3797.

［13］ LODEIRO I G, MACPHEE D E, PALOMO A, et al. Effect of alkalis on fresh C-S-H gels FTIR analysis［J］. Cement and Concrete Research, 2009, 39（3）：147-153.

［14］ ZHANG Z, WANG H, PROVIS J L. Quantitative study of the reactivity of fly ash in geopolymerization by FTIR［J］. Journal of Sustainable Cement-based Materials, 2012, 1（4）：154-166.

［15］ ZHANG Z, ZHU Y, YANG T, et al. Conversion of local industrial wastes into greener cement through geopolymer technology：A case study of high-magnesium nickel slag［J］. Journal of Cleaner Production, 2017, 141：463-471.

［16］ NETO A A M, CINCOTTO M A, REPETTE W. Mechanical properties, drying and autogenous shrinkage of blast furnace slag activated with hydrated lime and gypsum［J］. Cement and Concrete Composites, 2010, 32（4）：312-318.

［17］ TENNIS P D, JENNINGS H M. A model for two types of calcium silicate hydrate in the microstructure of Portland cement pastes［J］. Cement and Concrete Research,

2000, 30（6）: 855-863.

［18］DURAN ATISC, Bilim C, ÇELIK Ö, et al. Influence of activator on the strength and drying shrinkage of alkali-activated slag mortar［J］. Construction and Building Materials, 2009, 23（1）: 548-555.

［19］HUANG Y, WANG Q, SHI M. Characteristics and reactivity of ferronickel slag powder［J］. Construction and Building Materials, 2017, 156: 773-789.

［20］LEE N K, JANG J G, LEE H K. Shrinkage characteristics of alkali-activated fly ash/slag paste and mortar at early ages［J］. Cement and Concrete Composites, 2014, 53: 239-248.

［21］YE H, RADLIŃSKA A. Shrinkage mechanisms of alkali-activated slag［J］. Cement and Concrete Research, 2016, 88: 126-135.

6 蒸养镍铁渣粉-水泥砂浆的水化产物与耐硫酸盐侵蚀性能

6.1 引言

镍铁渣产渣量较大，但利用率非常低，目前主要应用于回收有用元素[1-2]，作为矿山回填材料[3]，制备微晶玻璃[4]、地质聚合物[5]、混凝土矿物掺和料[6]以及用作混凝土骨料[7]等。究其原因，最重要的一点是镍渣中MgO含量较高，担心其会造成水泥基材料后期体积膨胀，因此，探明MgO对水泥水化产物组成及性能的影响至关重要。目前常规建筑材料仍以普通水泥混凝土为主，采用镍铁渣粉作为水泥混凝土掺和料，对水泥混凝土水化产物与力学性能有何影响仍未可知。另外，目前我国正大力推行建筑工业化，大量的预制构件在预制工厂中产出，为了提高生产效率，蒸汽养护（简称"蒸养"）是预制工厂最常采用的养护制度。在目前优质矿物掺和料非常紧缺的条件下，镍铁渣有望成为矿渣和粉煤灰的替代品，但是目前关于镍铁渣对蒸养水泥混凝土的性能有何影响也不清楚。由于80℃是蒸养常采用的温度，以及80℃蒸养可以加快水泥基材料中活性MgO的反应[8]，为此，本章采用三种养护制度〔分别为80℃蒸养7h（S7h）、80℃蒸养7d（S7d）和标准养护（简称"标养"）28d（N28d）〕介绍镍铁渣粉对水泥砂浆早期水化产物与力学性能的影响，然后在早期蒸养（80℃蒸养7h）和标养两种条件下，介绍镍铁渣粉对水泥砂浆耐硫酸盐侵蚀性能的影响，包括干湿循环与半浸泡硫酸盐侵蚀性能，同时，为了厘清蒸养条件下掺镍铁渣粉砂浆的耐硫酸盐侵蚀的机理，本章也介绍蒸养条件和标养条件下掺镍铁渣粉砂浆的长龄期水化产物与力学性能等。

6.2 水化产物

6.2.1 早龄期水化产物

1. 水化产物种类

水泥砂浆各组分掺量与养护制度见表6-1，同时，在与表6-1同条件下制备了水泥净浆。图6-1为纯水泥和掺20%镍铁渣粉复合水泥浆体在蒸养

7h、蒸养7d和标养28d条件下的水化产物XRD图谱。纯水泥［图6-1（a）］蒸养7h时主要水化产物除了C-S-H凝胶外，还有$Ca(OH)_2$、AFm和半碳水化碳铝酸盐［$Ca_4Al_2O_6(CO_3)_{0.5}(OH) \cdot 11.5H_2O$］；而蒸养7d时有水化石榴石（$C_3ASH_4$）生成；标养28d时有AFt生成，在蒸养条件下AFt均转变成了AFm，无AFt生成。

表6-1　水泥砂浆各组分掺量与养护条件　　　　　　份

	样品	水泥	掺和料	水	砂	养护条件
Ref	C7h-M	100	0	50	300	80℃蒸汽养护7h
	C7d-M	100	0	50	300	80℃蒸汽养护7d
	C-M	100	0	50	300	标准养护28d
F20	F7h-M	80	20	50	300	80℃蒸汽养护7h
	F7d-M	80	20	50	300	80℃蒸汽养护7d
	F-M	80	20	50	300	标准养护28d

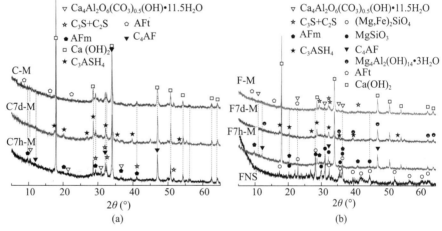

图6-1　不同养护条件下纯水泥与掺20%镍铁渣粉复合水泥浆体的XRD图谱
（a）纯水泥；（b）掺20%镍铁渣粉

蒸养7h和标养28d条件下掺20%镍铁渣粉复合水泥浆体的水化产物与纯水泥浆体水化产物基本相同。而在蒸养7d时，F7d-M中除了有水化石榴石（水滑石）产生外，还有水滑石$Mg_4Al_2(OH)_{14} \cdot 3H_2O$产生［图6-1（b）］。水滑石的形成，说明长期蒸养条件下镍铁渣玻璃相中的MgO已经参与了反应，而晶体相中的MgO［$(Mg,Fe)_2SiO_4$和$MgSiO_3$］则较为稳定，蒸养7d条件下衍射峰仍较为明显。

2. 水化产物形貌

纯水泥与掺镍铁渣粉复合水泥浆体蒸养7h水化产物微观形貌及EDS能谱结果见图6-2和图6-3。蒸养7h纯水泥浆体Ref的水化产物主要为纤维状C-S-H［图6-2（a）］及片状CH［图6-2（b）］，同时发现有较多孔洞［图6-2（a）和图6-2（b）］。由EDS能谱结果［图6-2（c）］可知，此时 C-S-H 所在区域的 Ca/Si 为 2.48，这可能与疏松的纤维状 C-S-H 中有片状的 CH 存在有关。

元素	质量分数%	原子含量分数%
O	28.93	48.73
Si	14.33	13.74
K	2.66	1.83
Ca	50.63	34.04
Fe	3.45	1.66
总量	100.00	100.00

(c)

图 6-2　蒸养 7h 纯水泥的水化产物

（a）纤维状 C-S-H；（b）片状 CH；（c）纤维状 C-S-H 能谱结果

蒸养 7h 镍铁渣复合水泥浆体 F7h-M 中的水化产物主要为纤维状 C-S-H [图 6-3（a）]，同时可见较多未水化镍铁渣颗粒 [图 6-3（b）] 及孔洞 [图 6-3（b）]。EDS 能谱结果 [图 6-3（c）] 显示，F7h-M 水化产物 C-S-H凝胶的 Ca/Si 较低，为 0.12，这可能与此处水化产物较少，EDS 结果受到未水化的镍铁渣颗粒的影响有关。由于镍铁渣活性较低，在蒸养 7h 时，镍铁渣对水泥水化产物组成和形貌影响较小。

元素	质量分数%	原子含量分数%
O	35.51	50.59
Si	53.29	43.25
K	0.48	0.28
Ca	9.34	5.31
Fe	1.38	0.57
总量	100.00	100.00

(c)

图 6-3　蒸养 7h 镍铁渣复合水泥浆体的水化产物

（a）纤维状 C-S-H；（b）孔洞及未反应镍铁渣；（c）纤维状 C-S-H 能谱结果

　　纯水泥和掺镍铁渣粉水泥浆体蒸养 7d 水化产物微观形貌及 EDS 能谱结果见图 6-4 和图 6-5。纯水泥浆体水化产物主要有纤维状 C-S-H [图 6-4（a）] 及片状 CH [图 6-4（b）]，同时仍明显可见有孔洞及裂缝 [图 6-4（a）和图 6-4（b）]。由区域 3 纤维状 C-S-H 能谱结果 [图 6-4（c）] 可知，其 Ca/Si 为 1.88。另外，图 6-4（b）中见有 1μm 大小球形颗粒水化产物生成，有水化石榴石形貌[9]，由图 6-1 XRD 分析可确认其为水化石榴石。

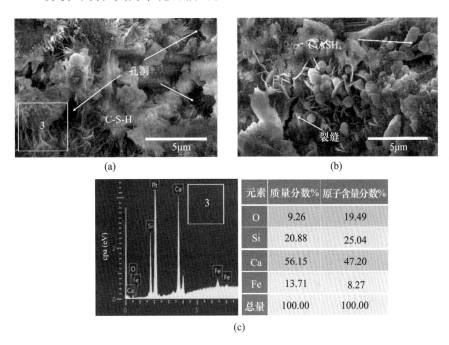

图 6-4　蒸养 7d 纯水泥浆体的水化产物
（a）纤维状 C-S-H；（b）片状 CH；（c）纤维状 C-S-H 能谱结果

　　蒸养 7d 掺镍铁渣粉水泥浆体 F7d-M 的主要水化产物有石榴粒状水化石榴石 [图 6-5（a）]、水滑石 [图 6-5（c）] 及纤维状 C-S-H 凝胶 [图 6-5（e）]。图 6-5（a）区域 4 经 EDS 能谱分析可知其 Ca/Si 为 2.02、Ca/Al 为 3.68，并固溶有少量 Mg、S、K、Fe，从形貌及组成可判定其为水化石榴石，这也可从图 6-1 分析中得到确认。图 6-5（c）中区域 5 为板状水化产物，其 Ca/Si 为 1.38、Al/Si 为 1.04，并含有 Mg、Fe 及重金属元素 Cr，其中 Mg 为含量最高的金属元素，Mg/Al 为 2.29，结合其板状形貌[10]，可推断此水化产物为水滑石，这也可从图 6-1 中得到确认。

　　图 6-5（e）中区域 6 为纤维状 C-S-H 凝胶，其 Ca/Si 为 2.09，同时有少量 Mg、Al、S、K、Fe。由此可知，在长期蒸养条件下，镍铁渣玻璃相中的 MgO 已经参与水泥的水化反应。

图 6-5　蒸养 7d 镍铁渣复合水泥浆体的水化产物

（a）水化石榴石；（b）水化石榴石的能谱结果；（c）水滑石；（d）水滑石的能谱结果；

（e）纤维状 C-S-H；（f）纤维状 C-S-H 的能谱结果

　　标养 28d 纯水泥与掺镍铁渣粉水泥浆体水化产物形貌及组成见图 6-6 和图 6-7。标养 28d 纯水泥浆体 Ref 水化产物结构较为密实 ［图 6-6（a）］，C-S-H 凝胶与 CH 交织成整体 ［图 6-6（b）］，其 Ca/Si 为 2.71，并固溶有少量 Al、S、K、Fe ［图 6-6（c）］。

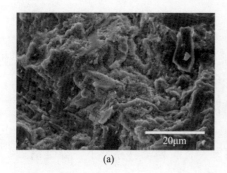

(a)

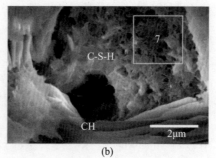

(b)

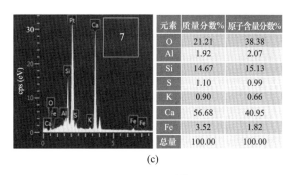

元素	质量分数/%	原子含量分数/%
O	21.21	38.38
Al	1.92	2.07
Si	14.67	15.13
S	1.10	0.99
K	0.90	0.66
Ca	56.68	40.95
Fe	3.52	1.82
总量	100.00	100.00

(c)

图 6-6　标养 28d 纯水泥浆体的水化产物

（a）纯水泥浆体断面；（b）网状 C-S-H 凝胶；（c）网状 C-S-H 凝胶的能谱结果

相比标养 28d 纯水泥浆体，标养 28d 掺镍铁渣粉水泥浆体 F-M 有较多孔洞 [图 6-7（a）]，且 F-M 中 CH 尺寸在 1μm 左右 [图 6-7（b）]，远小于 C-M 中的 CH（约 5μm）[图 6-6（b）]，说明镍铁渣的火山灰作用不但可以减少 CH 的数量，还可以减小 CH 的尺寸。另外，F-M 中的 C-S-H 主要为球形粒子状 [图 6-7（b）] 和纤维状 [图 6-7（c）]。图 6-7（d）显示，F-M 中 C-S-H 凝胶的 Ca/Si 为 0.45，并含有较多的 Mg、K、Fe。较低的 Ca/Si 值及其掺杂离子可能为镍铁渣复合水泥中球形粒子状 C-S-H 凝胶形成的主要原因[11]。

元素	质量分数/%	原子含量分数/%
O	42.92	60.13
Mg	2.31	2.13
Si	31.29	24.97
K	1.17	0.67
Ca	19.89	11.13
Fe	2.42	0.97
总量	100.00	100.00

(d)

图 6-7　标养 28d 镍铁渣复合水泥浆体的水化产物

（a）孔洞；（b）球形 C-S-H 凝胶与片状 CH；（c）纤维状 C-S-H 凝胶；

（d）纤维状 C-S-H 凝胶的能谱结果

3. 水化产物量

纯水泥与掺镍铁渣粉复合水泥浆体在不同养护条件下的 TG/DTG 曲线

如图6-8所示。在蒸养7h和标养28d条件下，纯水泥与掺镍铁渣粉复合水泥浆体的水化产物种类基本相同，而在蒸养7d条件下，F7d-M在300～390℃之间的失重更为显著［图6-8（b）］，此区间的失重主要为水化石榴石和水滑石失水分解所致[12]。前述结果也说明，F7d-M中有水滑石生成。

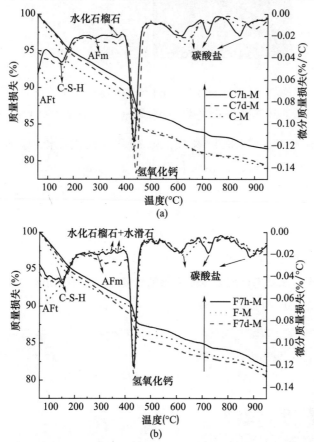

(a)

(b)

图6-8　不同养护条件下Ref和F20的TG/DTG曲线

（a）Ref；（b）F20

利用各样品的失重百分数及水泥和镍铁渣的烧失量，计算各样品的化学结合水量[13]，同时计算小于390℃时水泥浆体的质量损失，另外把390～500℃之间的失重换算成CH含量，结果见表6-2。

表6-2　纯水泥与镍铁渣复合水泥浆体的总质量损失、

化学结合水和CH含量　　　　　　　　　　%

	样品	质量损失	<390℃质量损失	化学结合水	CH含量
Ref	C7h-M	18.43	9.07	20.13	19.34
	C7d-M	20.75	10.37	23.72	24.07
	C-M	20.73	11.03	23.69	20.00

续表

样品		质量损失	<390℃质量损失	化学结合水	CH含量
F20	F7h-M	18.48	8.89	20.55	15.29
	F7d-M	19.90	9.58	22.73	16.94
	F-M	19.29	10.46	21.79	16.69

化学结合水含量反映水泥水化产物的多少。从表 6-2 可见，Ref 和 F20 在蒸养 7h 时化学结合水均最少，而在蒸养 7d 时化学结合水最多，说明水泥在蒸养 7d 条件下的水化程度高于标养 28d。由于纯水泥与掺镍铁渣粉水泥浆体在 CH 含量上的差异，对比两者的化学结合水含量意义不大，为此本章采用小于 390℃的化学结合水含量来评价纯水泥浆体与镍铁渣水泥浆体在水化产物（CH 与 $CaCO_3$ 除外）含量上的异同，由于镍铁渣的掺入相当于提高了纯水泥水化的水灰比及镍铁渣较细的颗粒粒径可对水泥水化起到晶核作用[14]，因此在短龄期内（早期蒸养 7h），F20 与 Ref 在小于 390℃的化学结合水含量区别不大。而由于镍铁渣活性较低，在蒸养 7d 及标养 28d 时，F20 在小于 390℃的化学结合水均比 Ref 低。

此外，F20 在蒸养 7h、蒸养 7d 和标养 28d 时的 CH 含量分别为同条件下 Ref 的 79.06%、70.38% 和 83.45%，说明蒸养条件特别是长时间蒸养促进了镍铁渣的火山灰反应，消耗了更多的 CH。

6.2.2 长龄期水化产物

标养和蒸养（80°C 蒸养 7h）水泥净浆 3d 至 240d 长龄期水化产物结果如图 6-9 ~ 图 6-11 所示。

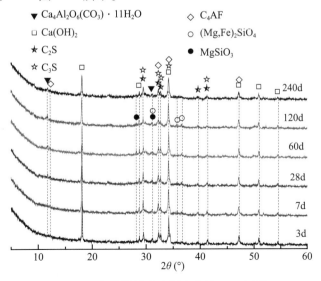

图 6-9 标养镍铁渣水泥净浆的 XRD 图谱

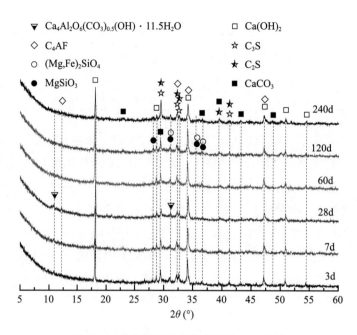

图 6-10　蒸养镍铁渣水泥净浆的 XRD 图谱

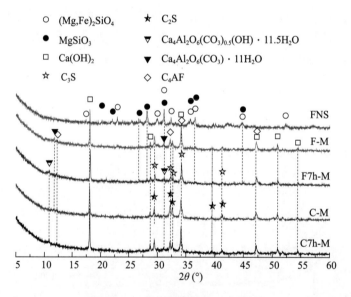

图 6-11　28d 水泥净浆的 XRD 图谱

除了 C-S-H，标养镍铁渣水泥浆体 3～240d 水化产物还有 $Ca(OH)_2$ 和单碳 $Ca_4Al_2O_6(CO_3)\cdot11H_2O$，单碳的形成可能跟水泥和镍铁渣含有 $CaCO_3$ 有关。在 3～7d 时，单碳的衍射峰不明显，而在 28～240d 时，衍射峰较强[15]。镍铁渣主要矿物 $(Mg,Fe)_2SiO_4$ 和 $MgSiO_3$ 随时间 3～240d 基本没有任何变化，这意味着 $(Mg,Fe)_2SiO_4$ 和 $MgSiO_3$ 的活性非常低，因此其对镍铁渣水泥胶砂的硫酸盐侵蚀性能影响较小。

由图 6-10 可知，蒸养镍铁渣水泥浆体的水化产物主要为 $Ca(OH)_2$ 和半碳水化碳铝酸盐 $Ca_4Al_2O_6(CO_3)_{0.5}(OH)\cdot11.5H_2O$。早期蒸养有助于提高镍铁渣和水泥中的 $CaCO_3$ 活性，因此，在水化早期 3~28d 形成了半碳水化碳铝酸盐。然而，半碳水化碳铝酸盐并不稳定，在水化后期可以转化为单碳水化碳铝酸盐，因此，在 60~240d，半碳水化碳铝酸盐的衍射峰逐渐降低，但是由于新形成的半碳水化碳铝酸盐含量较少以及转换成的单碳水化碳铝酸盐也较少，因此，并没有明显检测到单碳水化碳铝酸盐的衍射峰。另外，掺镍铁渣也降低了水泥中 SO_3 的含量，以致蒸养镍铁渣水泥没有延迟钙矾石产生。

在养护 240d 蒸养镍铁渣水泥浆体中，$(Mg,Fe)_2SiO_4$ 和 $MgSiO_3$ 的衍射峰依然很明显，并且没有含 Mg 和 Fe 的晶体水化产生，说明早期蒸养对 $(Mg,Fe)_2SiO_4$ 和 $MgSiO_3$ 的活性影响较小。MgO 的水化在很大程度上依赖于 MgO 的表面缺陷，表面缺陷越多，反应越快。镍铁渣的熔炼温度为 1500~1600℃，这时 MgO 的缺陷非常少，导致其活性非常低，1000d 以上才有可能反应。另外，Fe_2O_3 主要以镁橄榄石的形式存在，但镁橄榄石较为稳定[16-17]，因此，镍铁渣中的 MgO 和 Fe_2O_3 无论在早期标养还是蒸养条件下都不会发生反应。这个结果与 Rahman 的研究结果一致[18]。尽管镍铁渣中含有无定形的 MgO 与 Fe_2O_3，但是由于镍铁渣的掺量较低，其对镍铁渣水泥水化产物及镍铁渣水泥胶砂的耐硫酸盐侵蚀性能影响有限。

图 6-11 为 28d 水泥净浆水化产物的 XRD 图谱。与早期标养纯水泥净浆对比，早期蒸养纯水泥净浆中同样生成了半碳水化碳铝酸盐。半碳水化碳铝酸盐的形成，延缓了 AFt 到 AFm 的转变[19]，这可以降低早期蒸养试样中 AFm 的含量，从而减少 AFm 在硫酸盐侵蚀条件下向 AFt 的转换量。另外，半碳的形成减少了镍铁渣水泥体系中可反应的 Al_2O_3，从而降低了硫酸盐侵蚀条件下 Al_2O_3 与 SO_4^{2-} 反应形成的 AFt 量[20]。因此早期蒸养条件下形成的半碳水化碳铝酸盐有助于提高蒸养镍铁渣水泥胶砂的耐硫酸盐侵蚀性能。

蒸养镍铁渣水泥较标养镍铁渣水泥生成了较少的 $Ca(OH)_2$，而蒸养纯水泥中的 $Ca(OH)_2$ 较标养纯水泥浆体中的多（图 6-11）。$Ca(OH)_2$ 越多越不利于抗硫酸盐侵蚀性能。

另外，在蒸养条件下，大量的 Al 会取代 Si 进入 C-S-H 中形成 C-A-S-H，导致可被硫酸盐侵蚀的 Al_2O_3 降低，有利于提高蒸养试样的耐硫酸盐侵蚀性能。这与 Whittaker 等[20] 的研究结果一致。

6.3　孔结构

标养与蒸养试件 28d 水泥净浆的孔隙率与孔径分布如图 6-12 所示。根据孔对混凝土耐久性影响的大小将混凝土中的孔划分为无害孔（$d < 20nm$）、少害孔（$20nm \leqslant d < 50nm$）、有害孔（$d = 50 \sim 200nm$）和多害孔（$d > 200nm$）[21]。提高 $d < 50nm$ 孔的比例有助于提高混凝土的耐久性。

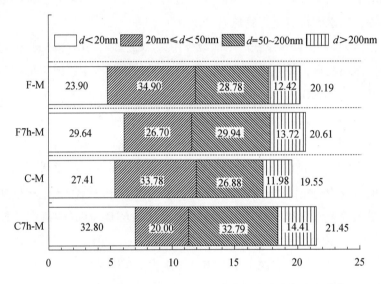

图 6-12　标养与蒸养试件 28d 水泥净浆的孔隙率与孔径分布
注：横柱内数据为孔径分布百分比，横柱外数据为总孔隙率。

蒸养无疑可以提高水泥的孔隙率及 $d > 50nm$ 毛细孔的比例，但也同样提高了水泥浆体中 $d < 20nm$ 毛细孔和凝胶孔的比例，因为蒸养同样有助于提高水泥的早期水化。

从图 6-12 可见，除了 C-M 中 $d < 20nm$ 的孔比例更高外，掺镍铁渣并没有明显改变水泥净浆的孔结构，并且 C-M 和 F-M 的孔径分布也非常相似。

相反，对蒸养试件，掺镍铁渣细化了水泥浆体的孔结构。与 C7h-M 相比，F7h-M 的孔隙率下降了 0.84%，同时，有害孔和多害孔的数量降低了 2.85% 和 0.69%。一方面，镍铁渣的活性较低，掺镍铁渣会降低早期蒸养条件下复合水泥中水化产物的形成；另一方面，镍铁渣可以填充蒸养水泥净浆中的大孔。同时，早期蒸养提高了镍铁渣的火山灰反应，促进二次水化产物的形成，从而可以填充水泥浆体中的毛细孔，因此掺镍铁渣有助于改善蒸养水泥净浆的孔结构。

6.4 力学性能

6.4.1 早龄期力学性能

掺镍铁渣粉水泥胶砂在各养护条件下的强度、强度活性指数（镍铁渣水泥胶砂强度与纯水泥胶砂强度之比）见表6-3。F20在蒸养7h、蒸养7d和标养28d各养护条件下的抗压强度均比对比样Ref发展缓慢，各养护条件下的活性指数分别是90.2%、93.6%和77.5%，可见，标养28d条件下，其强度活性指数最低，而在蒸养条件下镍铁渣除了填充作用外，其火山灰活性被进一步激发。延长蒸养时间7h至7d，Ref和F20抗压强度的增加幅度分别为85.8%和92.9%，F20强度的增幅比Ref高，说明镍铁渣水泥胶砂更适于长期高温环境。

表6-3 水泥胶砂的强度及强度活性指数

样品	抗压强度			抗折强度		
	蒸养7h	蒸养7d	标养28d	蒸养7h	蒸养7d	标养28d
Ref（MPa）	29.6	55.0	60.0	6.4	7.2	8.8
F20（MPa）	26.7	51.5	46.5	5.6	7.5	8.2
F20/Ref（%）	90.2	93.6	77.5	87.5	104.2	93.2

F20蒸养7h、标养28d时的抗折强度较Ref分别低12.5%和6.8%，而蒸养7d时较Ref高4.2%。除了蒸养7h F20的抗折强度活性指数略低于抗压强度活性指数外，其他养护条件下，F20的抗折强度活性指数要高于抗压强度活性指数，与对比样强度相差较少，说明掺镍铁渣对水泥抗折强度的影响小于抗压强度。延长蒸养时间7h至7d，Ref、F20抗折强度的增加幅度分别为12.5%和33.9%，与抗压强度相似，F20比Ref增幅要高。

相同成熟度条件下，F20蒸养7d的抗压强度是其标准养护28d强度的110.8%，说明高温激发镍铁渣水泥效果较为明显，这与表6-2化学结合水量结果一致。尽管蒸养7d条件下纯水泥胶砂也形成了较多的水化产物（表6-2），但是由于孔洞和裂缝的存在（图6-4），Ref在蒸养7d时的抗压强度要低于其标养28d的强度。

6.4.2 长龄期力学性能

水泥胶砂试件标养28d、240d的抗压、抗折强度如图6-13所示。蒸养提升了镍铁渣的火山灰反应，28d时，蒸养镍铁渣水泥胶砂的抗压与抗折强度为同条件下纯水泥胶砂的 85.7% 和 94.7%，而在标养试件中这个比值分别为 77.5% 和 96.4%。

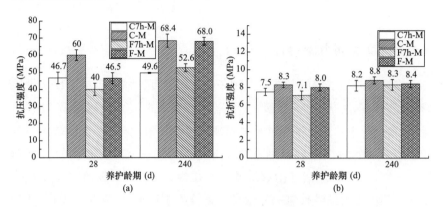

图 6-13　长龄期水泥胶砂的强度

（a）抗压强度；（b）抗折强度

标养 240d，掺 20% 镍铁渣水泥胶砂已经与纯水泥胶砂的强度处于同一个水平。对蒸养试件，F7h-M 的抗压和抗折强度分别为 C7h-M 的 106.0% 和 101.2%，而标养试件 F-M 的抗压与抗折强度分别是 C-M 的 99.4% 和 95.5%。这主要是镍铁渣的持续火山灰反应所致。与纯水泥胶砂相比，早期蒸养和早期标养均有利于镍铁渣水泥胶砂后期强度的发展。

6.5　耐硫酸盐侵蚀性能

6.5.1　干湿循环下的耐硫酸盐侵蚀性能

干湿循环后（5% 硫酸钠溶液浸泡 15h、风干 1h、80℃烘干 6h、冷却 2h、24h 为 1 次循环）水泥胶砂的剩余强度及强度损失如图 6-14 所示。210 次干湿循环后，标养试件 C-M 和 F-M 的抗压强度均达到 57.2MPa，在所有样品中最高，然而蒸养试件 C7h-M 和 F7h-M 的抗压强度只有 35.6MPa 和 44.5MPa。考虑到水泥胶砂初始强度的不同，图 6-14（b）列出干湿循环后水泥胶砂的强度损失。其中，蒸养纯水泥胶砂 C7h-M 的抗折、抗压强度损失最大，分别为 31.7% 和 28.2%，其他三组的强度损失基本相似。标养纯水泥胶砂 C-M 的强度损失为 10.2% 和 16.4%，蒸养镍铁渣水泥胶砂 F7h-M 的强度损失为 8.4% 和 15.4%，标养镍铁渣水泥胶砂 F-M 的强度损失为 9.5% 和 15.8%。由强度损失结果可知，无论是早期蒸养还是早期标养，掺镍铁渣均有利于提高水泥胶砂的抗硫酸盐侵蚀性能。另外，早期蒸养似乎有利于提高镍铁渣水泥胶砂的抗硫酸侵蚀性能，却不利于纯水泥胶砂的抗硫酸盐侵蚀性能。

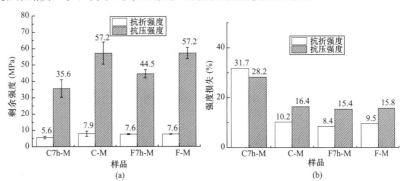

图6-14 210次干湿循环硫酸盐侵蚀后水泥胶砂的剩余强度与强度损失

（a）剩余强度；（b）强度损失

6.5.2 半浸泡条件下的耐硫酸盐侵蚀性能

1. 半浸泡硫酸盐侵蚀后水泥胶砂的外观质量

在半浸泡硫酸盐侵蚀过程中（5%硫酸钠溶液，砂浆半浸泡深度为110mm），每两个月检查一次水泥胶砂的外观质量，水泥胶砂的典型破坏与底部破坏如图6-15和图6-16所示。半浸泡两年后，标养纯水泥胶砂C-M边角处可见有明显的开裂和砂浆脱落，而标养镍铁渣水泥胶砂F-M损坏较轻，并没有明显的开裂和砂浆剥落。然而，蒸养纯水泥胶砂C7h-M的破坏非常严重，胶砂表面布满了大裂缝，而蒸养镍铁渣水泥胶砂F7h-M在浸泡线附近仅有轻微的砂浆剥落，并且砂浆底部裂缝较小。值得注意的是，F7h-M和F-M的外观区别较小，在硫酸盐侵蚀下损坏均较小。因此，由半浸泡硫酸盐侵蚀后的水泥胶砂的外观质量可知，在早期蒸养和早期标养两种条件下，掺镍铁渣均有助于提高水泥胶砂的耐硫酸盐侵蚀性能，而蒸养不利于水泥胶砂耐半浸泡硫酸盐侵蚀性能。蒸养镍铁渣水泥胶砂与标养镍铁渣水泥胶砂的耐硫酸盐侵蚀性能相差较小，而蒸养纯水泥胶砂与标养纯水泥胶砂的耐硫酸盐侵蚀性能差距较大。

2. 半浸泡硫酸盐侵蚀水泥胶砂的质量变化

经两年半浸泡硫酸盐侵蚀条件下水泥胶砂的质量变化结果如图6-17所示。蒸养水泥胶砂质量增加率明显高于标养水泥胶砂，并且两年内所有水泥胶砂的质量持续增加，其中C7h-M的质量增加了17.34%、F7h-M增加了5.61%、C-M增加了1.85%、F-M增加了1.50%。由于对硫酸钠溶液的持续吸附，导致即使C7h-M有严重的砂浆脱落，但其质量仍然没有出现降低。因此根据质量增加量可以判断水泥胶砂耐硫酸盐侵蚀的顺序为 F-M > C-M > F7h-M > C7h-M，这个结果与前述结果一致。

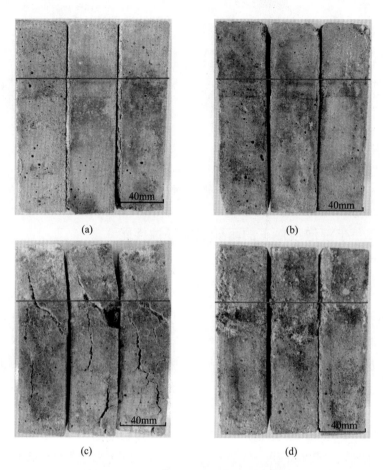

图 6-15　半浸泡两年后水泥胶砂的典型破坏

（a）C-M；（b）F-M；（c）C7h-M；（d）F7h-M

注：细线代表浸泡高度。

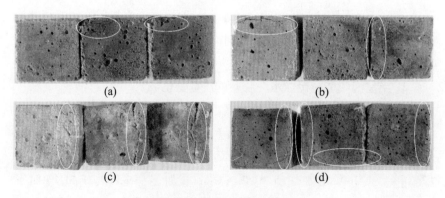

图 6-16　水泥胶砂底部破坏

（a）C-M；（b）F-M；（c）C7h-M；（d）F7h-M

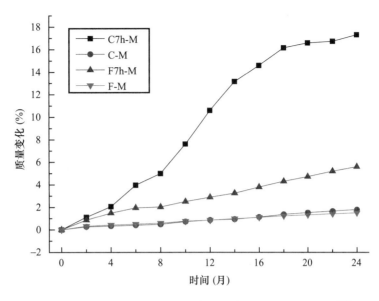

图 6-17　经过两年半浸泡硫酸盐侵蚀后水泥胶砂的质量变化[17]

　　无论是干湿循环还是半浸泡硫酸盐侵蚀，蒸养纯水泥胶砂均较标养纯水泥胶砂的耐硫酸盐侵蚀性能差，这主要是由于蒸养条件下形成了更多的 $Ca(OH)_2$，同时，蒸养也使胶砂具有更高的孔隙率。

　　相反，与标养镍铁渣水泥胶砂相比，蒸养镍铁渣水泥胶砂具有更好的耐干湿循环硫酸盐侵蚀性能，却具有较差的耐半浸泡硫酸盐侵蚀性能。这主要是由于：（1）半碳水化碳铝酸盐和 C-A-S-H 的形成消耗了活性 Al_2O_3，有助于提高铝酸盐水化产物的耐硫酸盐侵蚀性能；（2）半碳水化碳铝酸盐延缓了 AFt 至 AFm 的转换，而 AFm 在硫酸盐侵蚀条件下可以直接转换为 AFt；（3）F7h-M 较 F-M 生成了更少的 $Ca(OH)_2$；（4）F7h-M 和 F-M 的孔隙率差距较小。由于干湿循环中，硫酸盐侵蚀时间相对较短（每个循环 15h），相对毛细孔吸附和盐结晶，化学硫酸盐侵蚀是影响干湿循环硫酸盐侵蚀的最主要因素。同时，F7h-M 和 F-M 两者孔隙率的差距较小，因此蒸养并没有降低镍铁渣水泥胶砂的抗干湿循环硫酸盐侵蚀性能。然而，在半浸泡硫酸盐侵蚀条件下，毛细孔吸附和盐结晶是水泥胶砂试件上部干燥区受侵蚀破坏最主要的原因，而这很大程度上取决于孔结构[22]，因此蒸养不利于镍铁渣水泥胶砂的耐半浸泡硫酸盐侵蚀性能。

　　与早期养护条件无关，在相同的硫酸盐侵蚀条件下，镍铁渣水泥胶砂的抗硫酸盐侵蚀性能较纯水泥胶砂强。尽管 28d 时，标养镍铁渣水泥胶砂的孔结构较为粗糙，但是随着时间的推进，镍铁渣的火山灰反应可以改善水泥砂浆界面过渡区，并且降低其连续孔的数量，这有利于提高标养镍铁渣水泥胶砂的耐硫酸盐侵蚀性能[23]。干湿循环条件下适宜的湿度和80℃的高温同样加速了镍铁渣的火山灰反应，这也有助于提高镍铁渣水泥胶砂的耐硫酸盐侵蚀性能。而在蒸养条件下，F7h-M 比 C7h-M 更为密实，且由于镍铁渣持续的火山灰反应，240d F7h-M 的抗压强度比 C7h-M 高，这也有助于提高蒸养镍铁渣水泥胶砂的耐硫酸盐侵蚀性能。

6.6 本章小结

本章介绍了在三种养护制度（分别为80℃蒸养 7h、80℃蒸养 7d 和标养 28d）下掺镍铁渣复合水泥的水化反应活性及早期水化产物组成，以及早期蒸养（80℃蒸养 7h）与早期标养条件下掺镍铁渣粉（0%、20%）水泥浆体的长龄期水化产物、水泥胶砂的长龄期力学性能与耐硫酸盐侵蚀性能。主要结论如下：

镍铁渣粉的掺入改变了蒸养 7d 和标养 28d 水泥水化产物的形貌和组成。蒸养 7d 条件下，纯水泥胶砂的水化产物主要为纤维状 C-S-H 凝胶、片状 CH 和石榴粒状水化石榴石；而镍铁渣水泥胶砂，除以上水化产物外还有水滑石生成，说明蒸养促进了镍铁渣中 MgO 的反应；标养 28d 纯水泥胶砂的 C-S-H 主要为网状，而镍铁渣水泥胶砂的 C-S-H 主要为纤维状和球形等大粒子状两种形貌。

掺20%镍铁渣可以提高长龄期（240d）条件下蒸养水泥胶砂的抗压强度；在早期蒸养和早期标养两种养护条件下，掺镍铁渣均可明显提高水泥胶砂的抗硫酸盐侵蚀性能。

参考文献

[1] 盛广宏，翟建平. 镍工业冶金渣的资源化[J]. 金属矿山，2005（10）：68-71.

[2] MITRAŠINOVIĆ A M, WOLF A. Separation and recovery of valuable metals from nickel slags disposed in landfills [J]. Separation Science and Technology, 2015, 50 (16): 2553-2558.

[3] 王佳佳，刘广宇，倪文，等. 激发剂对金川水淬二次镍渣胶结料强度的影响 [J]. 金属矿山，2013（4）：159-163.

[4] WANG Z, NI W, JIA Y, et al. Crystallization behavior of glass ceramics prepared from the mixture of nickel slag, blast furnace slag and quartz sand [J]. Journal of Non-Crystalline Solids, 2010, 356: 1554-1558.

[5] YANG T, YAO X, ZHANG Z. Geopolymer prepared with high-magnesium nickel slag: characterization of properties and microstructure [J]. Construction and Building

Materials，2014，59：188-194.

［6］KATSIOTIS N S，TSAKIRIDIS P E，VELISSARIOU D，et al. Utilization of ferronick-el slag as additive in portland cement：a hydration leaching study［J］. Waste and Bio-mass Valorization，2015，6：177-189.

［7］CHOI Y C，CHOI S. Alkali-silica reactivity of cementitious materials using ferro-nickel slag fine aggregates produced in different cooling conditions［J］. Construction and Building Materials，2015，99：279-287.

［8］MO L，DENG M，TANG M. Potential approach to evaluating soundness of concrete containing MgO-based expansive agent［J］. ACI Materials Journal，2010，107（2）：99-105.

［9］RİOS C A，WILLIAMS C D，FULLEN M A. Hydrothermal synthesis of hydrogarnet and tobermorite at 175℃ from kaolinite and metakaolinite in the CaO-Al$_2$O$_3$-SiO$_2$-H$_2$O system：A comparative study［J］. Applied Clay Science，2009，43（2）：228-237.

［10］KELKAR C P，SCHUTZ A A. Ni-，Mg- and Co-containing hydrotalcite-like materi-als with a sheet-like morphology：Synthesis and characterization［J］. Microporous Materials，1997，10（4/5/6）：163-172.

［11］DIAMOND S，LACHOWSKI E E. On the morphology of Type Ⅲ CSH gel［J］. Ce-ment and Concrete Research，1980，10（5）：703-705.

［12］DURDZIŃSKI P T. Hydration of multi-component cements containing cement clinker，slag，calcareous fly ash and limestone［R］. EPFL，2016.

［13］李响，阎培渝. 高温养护对复合胶凝材料水化程度及微观形貌的影响［J］. 中南大学学报（自然科学版），2010，41（6）：2321-2326.

［14］章春梅，RAMACHANDRAN V S. 碳酸钙微集料对硅酸三钙水化的影响［J］. 硅酸盐学报，1988，16（2）：110-117.

［15］ZAJAC M，ROSSBERG A，LE SAOUT G，et al. Influence of limestone and an-hydrite on the hydration of Portland cement［J］. Cement and Concrete Composites，2014，46：99-108.

［16］KOSANOVIĆ C，STUBIČAR N，TOMAŠIĆ N，et al. Synthesis of a forsterite pow-der by combined ball milling and thermal treatment［J］. Journal of Alloys and Com-pounds，2005，389（1/2）：306-309.

［17］MAGHSOUDLOU M S A，EBADZADEH T，SHARAFI Z，et al. Synthesis and sin-tering of nano-sized forsterite prepared by short mechanochemical activation process ［J］. Journal of Alloys and Compounds，2016，678：290-296.

［18］RAHMAN M A，SARKER P K，SHAIKH F U A，et al. Soundness and compressive strength of Portland cement blended with ground granulated ferronickel slag［J］. Con-struction and Building Materials，2017，140：194-202.

［19］AYE T，OGUCHI C T. Resistance of plain and blended cement mortars exposed to severe sulfate attacks［J］. Construction and Building Materials，2011，25（6）：2988-2996.

［20］WHITTAKER M，ZAJAC M，HAHA M B，et al. The impact of alumina availability on sulfate resistance of slag composite cements［J］. Construction and Building Materials，2016，119：356-369.

［21］吴中伟，廉慧珍. 高性能混凝土［M］. 北京：中国铁道出版社，1999.

［22］IRASSAR E F，DI MAIO A，BATIC O R. Sulfate attack on concrete with mineral admixtures［J］. Cement and Concrete Research，1996，26（1）：113-123.

［23］LI B，HUO B，CAO R，et al. Sulfate resistance of steam cured ferronickel slag blended cement mortar［J］. Cement and Concrete Composites，2019，96：204-211.

7 掺镍铁渣粉混凝土的力学性能与耐久性能

7.1 引言

镍铁渣作为我国第四大冶炼工业废渣[1]，其产渣量大、利用率低。由于镍铁渣具有潜在活性，作为混凝土掺和料是目前镍铁渣的主要利用途径之一[2-4]。尽管通过超细粉磨、高温蒸养可以提高其水化反应活性[5-8]，但是作为常规掺和料，其会给混凝土的早期力学性能带来影响，而长龄期养护则可以弥补这一缺陷[9]。镍铁渣中 MgO 的含量高，将其应用到混凝土中带来的体积稳定性影响引起了较多的关注[10]，而目前已有研究缺乏系统性，为此，本章首先在早期自然养护和早期蒸汽养护（80℃保温 7h）两种条件下介绍掺镍铁渣粉混凝土（同水灰比）的力学性能与干燥收缩性能。另外，镍铁渣对混凝土的耐久性有何影响，目前也不清楚，为模拟实际工程应用，本章又基于相同配制强度等级介绍掺镍铁渣粉混凝土的抗渗性、抗碳化性能、抗氯离子渗透性和抗硫酸盐侵蚀性能等耐久性。

7.2 孔结构

7.2.1 同水灰比下的混凝土孔结构

同水灰比条件下掺镍铁渣粉混凝土的配合比及混凝土的工作性见表 7-1。根据表 7-1 同配比制备的 28d 龄期早期自然养护和蒸汽养护掺镍铁渣粉水泥净浆的孔径分布以及累计孔隙率如图 7-1 和图 7-2 所示。一般而言，水泥基材料的孔隙结构按孔径尺寸分为两种：小于 10nm 的孔定义为凝胶孔；大于 10nm 的孔定义为毛细孔。本章所用压汞设备测试最小孔径为 6nm，这并不足以准确描述凝胶孔的孔结构，为此本章孔结构主要讨论硬化浆体的毛细孔结构。

表 7-1   同配比镍铁渣混凝土配合比及其工作性

组别	水泥（kg/m³）	镍铁渣（kg/m³）	细骨料（kg/m³）	粗骨料（kg/m³）	水（kg/m³）	水胶比	外加剂掺量（%）	坍落度（mm）
Ref	340	0						130
10F	306	34	758	1139	163.2	0.48	0.85	130
20F	272	68						140
30F	238	102						145

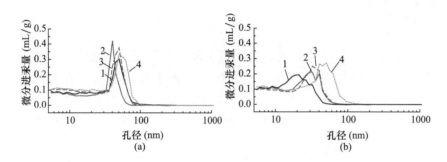

图 7-1   水泥-镍铁渣净浆在自然养护和蒸汽养护后孔径分布

（a）自然养护；（b）蒸汽养护

1—Ref；2—10F；3—20F；4—30F

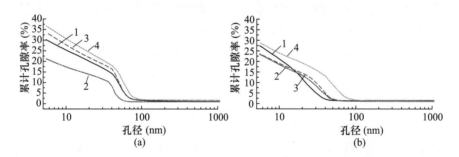

图 7-2   水泥-镍铁渣净浆在自然养护和蒸汽养护后累计孔隙率

（a）自然养护；（b）蒸汽养护

1—Ref；2—10F；3—20F；4—30F

自然养护各掺镍铁渣粉水泥净浆孔径分布曲线之间峰形较集中，孔径大小相似，峰形尖锐，孔径尺寸均匀。镍铁渣粉对硬化浆体孔结构的影响如下：

（1）镍铁渣掺量为 10% 时，孔径分布图中主峰左移、平均孔径变小；10F、Ref 组孔隙率分别为 21.2% 和 30.2%，掺 10% 镍铁渣降低了硬化浆体的孔隙率。

（2）镍铁渣掺量为 20% 时，孔径分布与空白组基本重合，其峰高较空白组高，孔结构在孔径尺寸上变化较小，但是最终孔隙率略有提高，为 33.6%。

（3）镍铁渣掺量为 30% 时，孔径分布主峰位置较空白组小幅右移，平均孔径增大，总孔隙率进一步提升，达到 36.6%。

蒸汽养护后，硬化浆体孔径分布曲线主峰位置发生明显变化：峰高降低，峰形变宽，孔径尺寸分布更加分散。具体分析如下：

（1）蒸养条件下，空白组试样孔径分布曲线主峰较自然养护时左移，平均孔径变小，总孔隙率由 30.2% 下降至 27.4%，蒸养条件加速了水泥的水化。

（2）掺入镍铁渣后，孔径分布曲线中的主峰位置随镍铁渣掺量的提高逐渐右移，峰宽逐渐缩小，峰高逐渐上升；镍铁渣掺量在 10% 和 20% 时，两组硬化浆体的总孔隙率相近，分别为 23.3% 和 23.6%；虽然 10F 和 20F 组中大孔数量较空白组多，但总孔隙率较空白组低。蒸养条件下，随镍铁渣掺量的提高，硬化浆体平均孔径增大，但总孔隙率在一定镍铁渣掺量内有所降低，仅当镍铁渣掺量过高时，总孔隙率出现上升。

（3）当镍铁渣掺量进一步上升至 30% 时，两种养护条件下的硬化浆体的孔径分布曲线主峰位置相近，但蒸汽养护后硬化浆体的总孔隙率为 28.9%，相比自然养护下的硬化浆体总孔隙率 36.6%，下降了 7.7%。

综上所述，早期自然养护条件下，掺入 10% 的镍铁渣，有助于硬化浆体孔径细化，总孔隙率降低；随镍铁渣掺量的增加，孔径粗化，孔隙率增高。早期蒸汽养护条件下，掺入镍铁渣的硬化浆体的孔径尺寸随掺量增加而增大；但相比自然养护条件下同掺量试样的总孔隙率，除了 10F 组试样小幅上升外，其余组别试样均出现下降。

掺入一定量的镍铁渣有利于细化硬化浆体的孔径结构，并降低总孔隙率，这得益于镍铁渣与 CH 之间的二次水化反应。镍铁渣掺量逐渐增加，孔径被粗化，其中原因在于未参与二次水化且作为惰性填料存在于胶凝材料中的镍铁渣占比越来越多，浆体水化程度下降也越来越显著。

在蒸汽养护条件下，水泥水化速率大幅加快，在此后经标准养护至28d 龄期，水泥仍继续水化，孔径得到进一步细化，可见空白组在蒸汽养护条件下总孔隙率下降。蒸养的高温条件对镍铁渣也具有激发作用，相比于自然养护，浆体的总孔隙率降低；但镍铁渣的活性仍然较低，随镍铁渣掺量的增加，硬化浆体的平均孔径也增大。

7.2.2　同配制强度下的混凝土孔结构

同强度等级（C40）混凝土配合比及其坍落度见表7-2。根据表7-2，

95

同配比制备的28d龄期早期自然养护和蒸汽养护掺镍铁渣粉水泥净浆的孔结构测试结果如图7-3和图7-4所示。

表 7-2　同强度等级（C40）镍铁渣混凝土配合比及其坍落度

组别	水泥 （kg/m³）	镍铁渣 （kg/m³）	细骨料 （kg/m³）	粗骨料 （kg/m³）	水 （kg/m³）	水胶比	外加剂掺量 （%）	坍落度 （mm）
Ref	340	0	758	1139	163.2	0.48	0.85	130
10F	306	34	758	1139	163.2	0.48	0.9	130
20F	272	68	758	1139	156.4	0.46	0.97	120
30F	238	102	758	1139	149.6	0.44	1.10	105

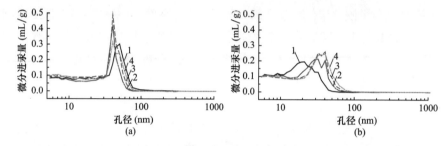

图 7-3　水泥-镍铁渣净浆 28d 孔径分布

（a）早期自然养护；（b）早期蒸汽养护

1—Ref；2—10F；3—20F；4—30F

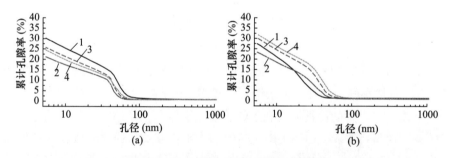

图 7-4　水泥-镍铁渣净浆 28d 累计孔隙率

（a）早期自然养护；（b）早期蒸汽养护

1—Ref；2—10F；3—20F；4—30F

在早期自然养护制度下，掺入镍铁渣的净浆孔径分布均一，主峰相对于空白组左移，即平均孔径减小；总孔隙率较空白组降低，其中10F组最小，镍铁渣掺量增加，总孔隙率上升（20F组），降低水胶比有利于抑制总孔隙率的增长（30F组）。

在早期蒸汽养护制度下，掺入镍铁渣的净浆，其孔径分布基本一致，但总孔隙率随镍铁渣掺量的增加而增大，其中10F组的总孔隙率小于空白组，20F 和 30F 组的总孔隙率则大于空白组。掺入镍铁渣后，硬化浆体的最可几孔径均较空白组大。相比早期自然养护，早期蒸汽养护条件下，除了空白组的总孔隙率略有下降外，其余组的总孔隙率均出现了上升。

通过调整水胶比，两种养护制度下，随镍铁渣掺量的增加，净浆试样孔径尺寸均未出现明显的粗化。

7.3　抗压强度

7.3.1　同水灰比下的混凝土抗压强度

图 7-5 所示为自然养护同水灰比镍铁渣混凝土抗压强度。掺镍铁渣混凝土早期强度增长较慢，后期强度增长较快。养护 3d 时，空白组混凝土强度已达到 34.5MPa，而随镍铁渣掺量的增加，混凝土的 3d 强度逐渐下降，30F 组混凝土 3d 抗压强度仅为空白组的 68.7%。当混凝土养护至 28d 龄期时，掺入镍铁渣的混凝土抗压强度明显上升，相比空白对照组混凝土，掺入 10% 镍铁渣的混凝土强度达到空白组的 107.5%，掺入 30% 镍铁渣的混凝土强度也达到空白组的 91.4%。继续养护，则各组混凝土强度均有增长，至 90d 龄期时，30F 组抗压强度也与空白组基本相当。

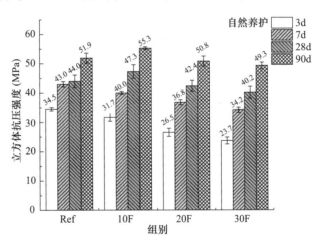

图 7-5　自然养护同水灰比镍铁渣混凝土抗压强度

由图 7-6 可以看出，经过早期高温蒸汽养护，混凝土强度快速增长。然而，随镍铁渣掺量的增加，混凝土强度逐渐下降。3d 龄期时，Ref 组抗压强度达到 41.5MPa，随镍铁渣掺量由 10% 提高至 30%，抗压强度分别下降至 38.3MPa（10F 组）、32.7MPa（20F 组）和 29.8MPa（30F 组），30F 组混凝土抗压强度为空白组抗压强度的 71.8%。随龄期增长，各混凝土强度均有增长。至 90d 龄期时，空白组抗压强度增长至 52.3MPa，此时 30% 掺量的镍铁渣混凝土强度为空白组抗压强度的 85.1%。掺入镍铁渣后，混凝土抗压强度均未超过空白组混凝土。

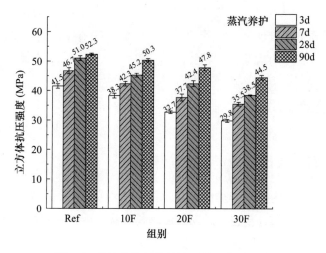

图 7-6　蒸汽养护的镍铁渣混凝土抗压强度

造成镍铁渣混凝土早期强度增长缓慢的原因是镍铁渣水化活性较低。混凝土早期强度主要由水泥水化提供，镍铁渣掺量越高，水泥水化产物含量越少，强度越低；随着龄期的增长，镍铁渣在 CH 提供的高碱度环境下逐渐与 CH 发生反应，早期的强度差异逐渐弥补。蒸汽养护使混凝土早期强度大幅提高，主要在于加快了水泥的水化进程，并在一定程度上激发了镍铁渣的活性，促进其参与水泥二次水化反应，提升混凝土强度。然而，蒸汽养护也带来了混凝土后期强度增长不足的显著缺点。

对比自然养护混凝土的抗压强度，其规律与总孔隙率大小的关系是，10F 组硬化浆体具有最小总孔隙率（21.2%），其抗压强度最大；空白组、20F 组和 30F 组硬化浆体的总孔隙率逐渐提高（分别为 30.2%、33.6%、36.6%），其抗压强度则逐渐下降。然而，蒸汽养护的混凝土抗压强度与总孔隙率的关系则有所不同。尽管 10F 组和 20F 组的总孔隙率比空白组小，但对应混凝土的抗压强度比空白组低，这是由于掺入镍铁渣后大孔（>30nm）含量增多，而空白组则含有大量小孔（<30nm）。因此，蒸汽养护虽然激发了镍铁渣的活性，但是并未带来混凝土强度的提升。

7.3.2　同配制强度下的混凝土抗压强度

28d 和 360d 龄期混凝土抗压强度测试结果如图 7-7 所示，可见：相同养护制度下，各镍铁渣掺量的混凝土抗压强度相当；早期蒸汽养护混凝土试件后期强度增长减缓，28d 强度比早期自然养护的混凝土试件略低；360d 龄期时，30% 掺量的镍铁渣混凝土强度增长明显不足，两种养护制度下的混凝土试块强度均小于空白组。

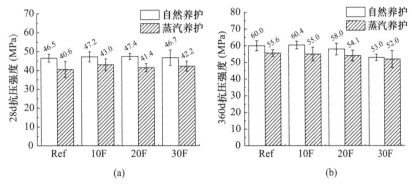

图 7-7　同强度等级混凝土抗压强度

（a）28d；（b）360d

7.4　劈裂抗拉强度

如图 7-8 所示，在自然养护同水灰比条件下，掺加 10% 镍铁渣的混凝土表现出较高的早期劈裂抗拉强度，而后期劈裂抗拉强度增长较小。3d 龄期时，空白组劈裂抗拉强度为 2.4MPa，10F 组达到 2.9MPa。随养护龄期的延长，镍铁渣混凝土的劈裂抗拉强度增长较小，至 7d 后，镍铁渣混凝土的劈裂抗拉强度均小于空白组，且随镍铁渣掺量的增加，强度下降幅度增大。至 90d 龄期，空白组劈裂抗拉强度为 3.8MPa，30F 组则为 3.0MPa，仅有空白组强度的 78.9%。

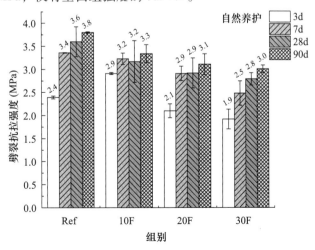

图 7-8　自然养护的镍铁渣混凝土劈裂抗拉强度

蒸汽养护对混凝土的劈裂抗拉强度没有明显影响，仅小幅提升了镍铁渣混凝土早期劈裂抗拉强度，如图7-9所示。20F组混凝土3d劈裂抗拉强度由自然养护下的2.1MPa上升至2.3MPa，30F组则从1.9MPa上升至2.0MPa。但与自然养护一致，镍铁渣混凝土的后期劈裂抗拉强度增长较小。7d龄期后，掺入镍铁渣混凝土的劈裂抗拉强度均小于空白组混凝土，且强度随镍铁渣掺量的提高而降低。蒸汽养护对镍铁渣混凝土的劈裂抗拉强度并没有带来明显改变。

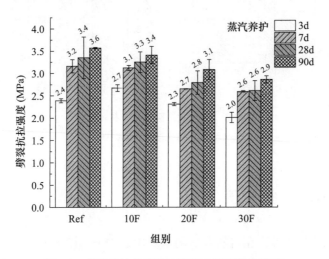

图7-9 蒸汽养护的镍铁渣混凝土劈裂抗拉强度

7.5 静压弹性模量

由图7-10可以发现，自然养护的同水灰比镍铁渣混凝土的静压弹性模量随镍铁渣掺量的增加而提高。

随着混凝土养护龄期的增长，各混凝土弹性模量均有提升。在3d至90d龄期内，空白组混凝土的弹性模量由24.5GPa提升至28.9GPa；对镍铁渣混凝土，即使镍铁渣掺量高达30%，弹性模量也出现增长，由32.2GPa上升至37.2GPa。混凝土弹性模量的增长与自身强度增长有关。当混凝土强度随龄期逐渐上升时，混凝土刚度变大，在压力作用下发生变形减小，即弹性模量上升。

镍铁渣的掺入提高了混凝土的弹性模量，且随掺量的增加，弹性模量逐渐提高。该结果可能源自镍铁渣自身的特性：镍铁渣中镁、铁元素含量较高，且水淬急冷过程导致其含有一定的玻璃体，硬度较大，易磨性差。这种特性在其他矿物掺和料或骨料中也有体现：当使用硬度较大或玻璃体含量较多的矿物掺和料或骨料时，混凝土的弹性模量上升[11-12]。

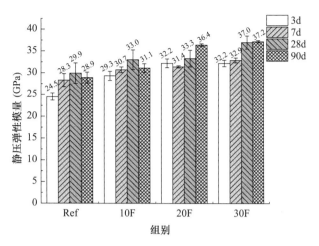

图 7-10　镍铁渣混凝土的静压弹性模量

7.6　干燥收缩

同水灰比镍铁渣混凝土的干燥收缩曲线如图 7-11 所示。所有混凝土试件的干燥收缩率在前期均快速增长，约 28d 后增长变缓，当龄期到达约 120d 后，干燥收缩率基本平稳。以空白组混凝土试件 120d 时的干燥收缩率为参照，混凝土在 28d 和 60d 干燥龄期时的干燥收缩率分别达到约 73% 和 89%。

掺入镍铁渣后，混凝土的干燥收缩有降低的趋势，但镍铁渣掺量过高时，这种有利效应逐渐降低。通过对比 120d 龄期混凝土的干燥收缩值可知（图 7-11）：空白组干燥收缩率达到 311.8με；掺入 10% 和 20% 镍铁渣后，混凝土的干燥收缩率分别下降为 274.9με 和 273.7με；当镍铁渣掺量提高至 30% 时，混凝土的干燥收缩率重新上升为 302.8με。此后，混凝土干燥收缩率未发生明显变化。

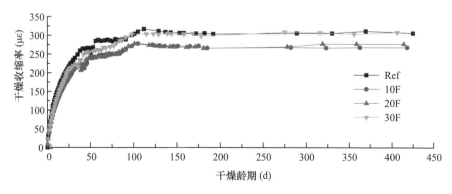

图 7-11　同水灰比镍铁渣混凝土的干燥收缩率曲线

孔径结构对混凝土的干燥收缩性能也有至关重要的影响。混凝土的水分传输和失水速率影响毛细孔张力，毛细孔张力越大，混凝土收缩越大[13-14]。10F 组孔隙结构较空白组细化、总孔隙率降低，水分传输速率减缓，故干燥收缩变小；随着镍铁渣掺量的增加，硬化浆体孔径粗化，20F 组的孔径分布与空白组相似，但孔含量较空白组多，在失去相同质量的水时，20F 组的毛细孔张力较小，故干燥收缩较小；当孔径进一步粗化（30F 组）时，失水速率也进一步提高，故干燥收缩加剧。另外，镍铁渣的掺入使浆体的弹性模量提高，在相同的应力作用下，镍铁渣水泥体系将有较小的变形[15]。

7.7 抗渗性

采用逐级加压法对早期自然养护至脱模并标准养护至 28d 龄期的同强度等级混凝土进行抗渗透试验，结果如图 7-12 所示。

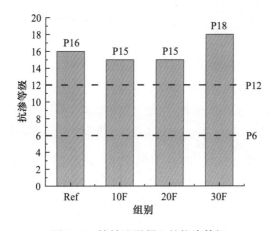

图 7-12 镍铁渣混凝土的抗渗等级

由图 7-12 可知：抗渗试验所用混凝土试件成型质量较好，各组混凝土均表现出良好的抗渗性。其中，空白组混凝土的抗渗等级为 P16；掺入镍铁渣后，混凝土的抗渗等级略有下降，10F 组和 20F 组混凝土的抗渗等级为 P15；当镍铁渣掺量达 30% 时，为弥补镍铁渣掺量提高带来的混凝土强度损失而降低了混凝土水胶比，此时镍铁渣混凝土的抗渗等级也提升至 P18。

根据《地下工程防水技术规范》（GB 50108—2008）和《工业建筑防腐蚀设计标准》（GB/T 50046—2018）的要求，常规防水混凝土的抗渗等级应大于 P6，在严酷环境下混凝土的抗渗等级要求为 P12。因此，掺镍铁渣混凝土均具有优良的抗渗性能。

尽管孔结构结果显示适量的镍铁渣掺量可使浆体孔隙率下降，但混凝土的抗渗性与配合比、水胶比、成型过程的离析和泌水等多方面因素有关[16]。王强等[17]通过"饱水-烘干"的方法测定镍铁渣混凝土连通孔隙率变化，结果表明，镍铁渣的掺入会导致混凝土中连通孔隙率上升。这是导致本研究中掺入少量镍铁渣后，混凝土抗渗性能出现下降的原因。然而，降低水胶比，可以抵消镍铁渣掺入对混凝土强度和抗渗性的不利影响。

7.8　抗碳化性能

同强度镍铁渣混凝土养护至 28d 龄期后，蜡封并转入碳化箱开始快速碳化过程，此时为混凝土碳化龄期的"零点"。图 7-13 所示为两种养护制度下镍铁渣混凝土试件碳化时间与碳化深度的关系曲线。对空白组，仅当碳化龄期达 28d 时，早期自然养护的试件出现了少量碳化，碳化深度为 1.3mm，而早期蒸汽养护的试件则未出现明显碳化。与之相比，两种养护制度下，掺入镍铁渣混凝土各龄期的碳化深度均比空白组的大。其原因如下：一是镍铁渣内掺使水泥占比降低，水化产物总量减少；二是镍铁渣具有潜在活性，与水泥水化产物的二次水化反应也进一步消耗 CH。CH 作为水泥水化的主要产物之一，是孔溶液碱度的主要来源。在碳化过程中，CO_2 与 CH 结合形成 $CaCO_3$，混凝土碱度降低。因此，镍铁渣的掺入导致水泥水化产物 CH 减少、混凝土碱度降低，抗碳化能力降低。

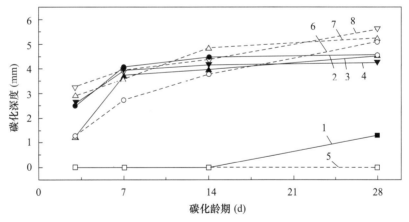

图 7-13　混凝土碳化时间与碳化深度的关系

1—Ref-N；2—10F-N；3—20F-N；4—30F-N；5—Ref-S；6—10F-S；7—20F-S；8—30F-S

注：N 代表自然养护，S 代表蒸汽养护。

早期自然养护的镍铁渣混凝土，不同镍铁渣掺量试件间碳化深度差别不大，其中 30F 组碳化深度略小。这说明通过降低混凝土的水胶比、增加密实度，能够弥补因镍铁渣掺量提高后混凝土碱度下降导致的抗碳化能力降低的问题。早期蒸汽养护的镍铁渣混凝土的碳化深度随镍铁渣掺量的提高而增大。这与前述碱度降低相关，同时镍铁渣在高温养护下被部分激发，比早期自然养护进一步消耗 CH。早期蒸汽养护对空白组抗碳化有利，但对镍铁渣混凝土则有一定的负面效应，这与混凝土的孔结构有关。

混凝土碳化速率的变化除了与自身碱度相关外，还与孔隙率变化有关。孔隙率越大，二氧化碳气体传输的速率也就越快。对比两种养护制度，空白组试样在早期自然养护下的总孔隙率比早期蒸汽养护略大，其对应混凝土的碳化速率更快；而掺镍铁渣试样在早期蒸汽养护下的总孔隙率比早期自然养护增大，则对应混凝土的碳化速率更快。对比同种养护制度下不同镍铁渣掺量的影响，随着镍铁渣掺量的提高，虽然孔径尺寸没有粗化，但总孔隙率的增大意味着二氧化碳气体在混凝土中传输加快，故碳化速率更快。但是，相比碱度改变带来的中性化的影响，镍铁渣混凝土导致的孔隙率变化引起的混凝土抗碳化性能差异显然较小。

7.9 抗氯离子渗透性

图 7-14 所示为同强度混凝土试件 6h 总电通量结果。可知：随着混凝土中镍铁渣掺量的提高，不同养护制度的混凝土呈现出截然不同的电通量变化趋势。早期自然养护下，随着镍铁渣掺量的提高，混凝土总电通量呈现出缓慢上升的趋势，空白组总电通量为 1828C，随着镍铁渣掺量提高至 30%，总电通量亦上升至 2153C。早期蒸汽养护下，随着镍铁渣掺量的提高，混凝土总电通量总体上则呈现出下降的趋势：空白组总电通量为 3428C；10F、20F 和 30F 组混凝土分别为 2446C、2732C和 2072C。

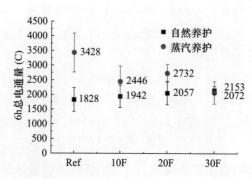

图 7-14 镍铁渣混凝土的氯离子渗透性

　　早期蒸汽养护使混凝土抗氯离子渗透性能出现较明显下降，总电通量普遍比早期自然养护混凝土的大，仅当镍铁渣掺量上升至 30% 时，两种养护制度下的混凝土试件总电通量相当。该现象与混凝土的孔结构变化和水化产物变化相关。

　　混凝土抗氯离子渗透性能一方面与混凝土孔结构有关，另一方面与混凝土水化产物有关。在早期自然养护下，尽管在镍铁渣掺量提高和水胶比降低后，净浆试样总孔隙率下降，孔径得到细化，但随镍铁渣含量的增加，浆体水化产物含量降低。这意味着混凝土渗透速率降低的同时，其结合 Cl^- 的能力在削弱。在两个因素综合作用下，混凝土抗氯离子渗透性能表现为小幅降低。另外，钙矾石（AFt）在高温下不稳定，当温度达到 70℃ 以上时即大量分解，故在本研究中提及的早期蒸汽养护下，混凝土经历 80℃ 高温，AFt 大量分解为低硫型水化硫铝酸钙（SO_4-AFm）[18-19]；同时，高温使亚稳态的 OH-AFm 完全分解为水榴石和 CH[20]。然而，OH-AFm 在水泥水化产物结合 Cl^- 过程中贡献 37% ~49% 的总结合量[21]。尽管早期蒸汽养护下 AFt 的分解导致 SO_4-AFm 有所增多，但 OH-AFm 的分解导致净浆试样抗氯离子渗透性普遍降低。因此，尽管空白组早期蒸汽养护试件的总孔隙率比早期自然养护时有所降低，但其抗氯离子性能仍出现显著下降。镍铁渣的掺入则有一定的有利效应，早期蒸汽养护使掺入镍铁渣的净浆试样的总电通量较空白组下降。另外，高温激发了镍铁渣的活性，促进其参与水化，形成了水滑石。该物质具有较强的氯离子胶结能力[22]，部分弥补了高温下 OH-AFm 分解导致的混凝土固结氯离子能力的缺失。

7.10　抗硫酸盐侵蚀性能

　　同强度等级混凝土在全浸泡和半浸泡硫酸盐侵蚀（5% 硫酸钠溶液）条件下的质量变化率如图 7-15 和图 7-16 所示。

　　在全浸泡条件下，10% 和 20% 镍铁渣掺量混凝土的质量损失较小，其中早期自然养护试件质量损失比空白组的小，早期蒸汽养护试件的质量损失与空白组的相当。镍铁渣掺量为 30% 的混凝土的质量损失则较空白组的大。混凝土的质量增长主要出现在浸泡龄期的 100d 内，10F 和 20F 组的质量增长最为明显，该阶段以侵蚀产物沉淀为主。早期蒸汽养护试件的最大质量增长率与早期自然养护试件相比则较小，这可能与早期蒸汽养护混凝土更快破坏并进入剥落阶段有关，剥落阶段的开始时间与混凝土的孔隙率相关。浸泡龄期达 370d 时，早期蒸汽养护混凝土的质量损失率普遍比早期自然养护混凝土的大。

在半浸泡条件下，混凝土的质量增长期明显延长。类似地，两种养护制度的 10F 和 20F 组均出现了较明显的质量增长，且最大增长率相近，约为 0.8%。掺入 10% 和 20% 镍铁渣的混凝土的质量损失均较小，空白组和掺入 30% 镍铁渣的混凝土的质量损失较大。

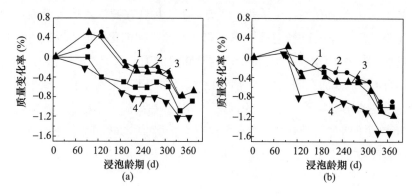

图 7-15　全浸泡条件下混凝土质量变化率

（a）早期自然养护；（b）早期蒸汽养护

1—Ref；2—10F；3—20F；4—30F

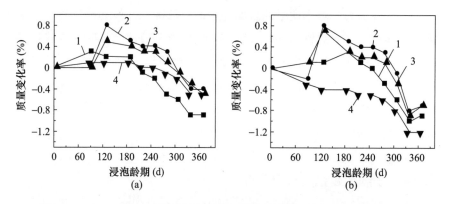

图 7-16　半浸泡条件下混凝土质量变化率

（a）早期自然养护；（b）早期蒸汽养护

1—Ref；2—10F；3—20F；4—30F

对硫酸盐侵蚀过程，一般认为，进入孔溶液中的硫酸盐与 CH 反应生成石膏，或进而与 AFm 相反应生成钙矾石。这些侵蚀产物先填充混凝土孔隙，进而在结晶压力作用下导致混凝土开裂[23]。提高混凝土抗硫酸盐侵蚀能力的关键在于选择合适的胶凝材料和提高混凝土的抗渗透性[24]。Monteiro[25]还指出，混凝土的孔隙率影响掉角剥落的起始时间，但决定剥落速率的关键因素在于水泥的组成，C_3A 和 C_3S 含量越低，混凝土开裂剥落的时间越靠后。

当镍铁渣掺量在 20% 以下时，镍铁渣混凝土在硫酸盐侵蚀过程中的质量损失较小。早期自然养护下，掺入镍铁渣并降低水胶比，使混凝土的孔隙率降低，混凝土剥落开始的时间较空白组的延迟，因此 10F 和 20F 组在全浸泡时质量增长较大。同时，随着镍铁渣掺量的提高，胶凝材料中的水泥被稀释，水化产物中的 CH 也在减少。控制水泥水化产物中的氢氧化钙含量是提高混凝土抗硫酸盐侵蚀性能的关键，因此，镍铁渣的掺入有利于减缓硫酸盐侵蚀引起的混凝土剥落速率。早期蒸汽养护下，镍铁渣混凝土的孔隙率相比早期自然养护均有所提升，空白组的孔隙率则略有下降，因此镍铁渣混凝土剥落行为提前，质量增长幅度减小，而空白组反而出现小幅质量增长。虽然早期蒸汽养护激发了镍铁渣的活性，消耗了部分 CH，但其消耗的 CH 是少量的，从镍铁渣混凝土的最终质量损失看，这种变化对侵蚀速率的减缓作用并不显著。相比于早期自然养护，早期蒸汽养护的镍铁渣混凝土的最终质量损失增大，而空白组则没有明显变化。

在半浸泡条件下，化学侵蚀和物理盐结晶是混凝土发生侵蚀破坏的两个主要机理[26]，故引起混凝土质量变化的因素除了硫酸盐劣化产物的沉积和由此产生的剥落，还有沿毛细孔上升的硫酸盐溶液蒸发后产生的盐结晶[27]。浸泡前期，由于试件浸泡面积较全浸泡小得多，试件的质量在约 100d 内变化较小；随即出现较明显的质量增长，说明该阶段侵蚀产物积累较多。另外，半浸泡试件在蒸发区除了发生盐结晶外，其内部化学侵蚀产物的积累速率比浸泡区更快，这是半浸泡试件较全浸泡试件有更大的质量增长的原因[28]。硫酸盐侵蚀产物的形成和盐结晶作用都产生孔隙压力，使混凝土趋向开裂剥落，由此发生试件质量的损失。由前述讨论已知，掺入 20% 以内的镍铁渣有利于减缓硫酸盐侵蚀引起的剥落开裂的速率，因此在硫酸盐侵蚀过程中，20% 掺量内的镍铁渣混凝土的抗侵蚀性能普遍比空白组的好。

然而，当镍铁渣掺量达到 30% 时，两种劣化条件下的镍铁渣混凝土均出现了较大的质量损失。这是由于随着镍铁渣掺量的增加，混凝土中未参与水化的惰性组分占比增大，混凝土后期强度增长能力不足，后期强度较空白样低。因此，早期自然养护下，尽管劣化开始时 30F 组浆体的孔隙率较空白组的小，但随着劣化龄期的延长，混凝土质量损失速率加快。在早期蒸汽养护条件下，镍铁渣混凝土的孔隙率上升，使混凝土剥落开始时间提前，进一步加大了高镍铁渣掺量下混凝土的质量损失。

7.11　本章小结

本章在同水灰比条件下制备了不同掺量（0%～30%）的镍铁渣粉混凝土。首先介绍了镍铁渣掺量对抗压强度、劈裂抗拉强度、弹性模量和干燥收缩的影响，然后在同配制强度等级条件下介绍了掺镍铁渣粉混凝土的耐久性。主要结论如下：

同水灰比条件下，镍铁渣混凝土的抗压强度随镍铁渣掺量的增加先增加后下降。当镍铁渣掺量在20%以上时，混凝土早期强度增长较为缓慢，经90d龄期养护后基本可以弥补早期形成的强度差。镍铁渣的掺入降低了混凝土的劈裂抗拉强度，但提高了混凝土的弹性模量。蒸汽养护可以在一定程度上激发镍铁渣的活性，但并不能弥补其取代水泥造成的强度损失。20%掺量以内的镍铁渣混凝土具有比纯水泥混凝土较小的干燥收缩，这与镍铁渣掺入后混凝土孔隙率降低、弹性模量提高等相关。

早期自然养护条件下，掺镍铁渣使同配制强度混凝土的抗渗性略有下降、碳化速率加快、氯离子渗透速率增大、耐硫酸盐侵蚀性能提高（镍铁渣掺量在20%以内）；与早期自然养护相比，早期蒸汽养护使镍铁渣混凝土的孔隙率上升、碳化速率加快、硫酸盐侵蚀过程中的质量损失增大；但掺镍铁渣有助于改善早期蒸汽养护导致的混凝土抗氯离子渗透性能下降。

参考文献

［1］杨志强，王永前，高谦，等．金川镍矿废弃物在充填采矿中利用现状与展望［J］.矿产综合利用，2017（3）：22-28.

［2］杜根杰．我国大宗工业固废综合利用问题及未来发展趋势解读［J］.混凝土世界，2018（11）：12-16.

［3］李大方，周予启，何伟．细度对电炉镍铁渣水化活性的影响［J］.混凝土，2019（2）：85-89.

［4］赵铁城．镍水淬渣的胶凝机理［J］.有色金属（矿山部分），1994（1）：9-12.

［5］李保亮，王申，潘东，等．蒸养条件下镍铁渣水泥胶砂的水化产物与力学性能［J］.硅酸盐学报，2019，47（7）：891-899.

［6］RAHMAN M A, SARKER P, SHAIKH F. Fresh and early-age properties of cement pastes and mortars blended with nickel slag［C］//SANJAYAN J SAGO-CRENTSIL K. 27th Biennial National Conference of the Concrete Institute of Australia in conjunction with the 69th RILEM Week. Melbourne：Concrete Institute of Australia, 2015.

［7］肖忠明，王昕，霍春明，等．镍渣水化特性的研究［J］.广东建材，2009，25

（9）：9-12.

［8］ KATSIOTIS N S, TSAKIRIDIS P E, VELISSARIOU D, et al. Utilization of ferronickel slag as additive in portland cement：a hydration leaching study［J］. Waste and Biomass Valorization, 2015, 6（2）：177-189.

［9］ LI B, HUO B, CAO R, et al. Sulfate resistance of steam cured ferronickel slag blended cement mortar［J］. Cement and Concrete Composites, 2019, 96：204-211.

［10］ KIM H, LEE C, ANN K. Feasibility of ferronickel slag powder for cementitious binder in concrete mix［J］. Construction and Building Materials, 2019, 207：693-705.

［11］ 方小婉，张永树，赵瑶，等. 粉煤灰和矿渣双掺混凝土弹性模量及抗渗性研究［J］. 西北农林科技大学学报（自然科学版），2019, 47（9）：1-6.

［12］ 施发军. 粉煤灰对自密实混凝土弹性模量的影响研究［J］. 福建建材, 2018（7）：1-3.

［13］ COLLINS F, SANJAYAN J G. Effect of pore size distribution on drying shrinking of alkali-activated slag concrete［J］. Cement and Concrete Research, 2000, 30（9）：1401-1406.

［14］ SHIMOMURA T, MAEKAWA K. Analysis of the drying shrinkage behaviour of concrete using a micromechanical model based on the micropore structure of concrete［J］. Magazine of Concrete Research, 1997, 49（181）：303-322.

［15］ 王申，李保亮，曹瑞林，等. 镍铁渣混凝土的力学性能、干缩行为及其与浆体孔结构的关系［J］. 混凝土与水泥制品, 2020（01）：1-5.

［16］ MCCARTER W J, EZIRIM H, EMERSON M. Absorption of water and chloride into concrete［J］. Magazine of Concrete Research, 1992, 44（158）：31-37.

［17］ 王强，石梦晓，周予启，等. 镍铁渣粉对混凝土抗硫酸盐侵蚀性能的影响［J］. 清华大学学报（自然科学版），2017, 57（3）：306-311.

［18］ CHRISTENSEN A N, JENSEN T R, HANSON J C. Formation of ettringite, $Ca_6Al_2(SO_4)_3(OH)_{12} \cdot 26H_2O$, AFt, and monosulfate, $Ca_4Al_2O_6(SO_4) \cdot 14H_2O$, AFm-14, in hydrothermal hydration of Portland cement and of calcium aluminum oxide-calcium sulfate dihydrate mixtures studied by in situ synchrotron X-ray powder diffraction［J］. Journal of Solid State Chemistry, 2004, 177（6）：1944-1951.

［19］ SHIMADA Y, YOUNG J F. Structural changes during thermal dehydration of ettringite［J］. Advances in Cement Research, 2001, 13（2）：77-81.

［20］ BAQUERIZO L G, MATSCHEI T, SCRIVENER K L, et al. Hydration states of AFm cement phases［J］. Cement and Concrete Research, 2015, 73：143-157.

［21］ FLOREA M V A, BROUWERS H J H. Chloride binding related to hydration products-Part Ⅰ：Ordinary Portland cement［J］. Cement and Concrete Research, 2012, 42：282-290.

［22］ YANG Z, FISCHER H, POLDER R. Modified hydrotalcites as a new emerging class of smart additive of reinforced concrete for anticorrosion applications：A literature re view [J]. Materials and Corrosion, 2013, 64 (12): 1066-1074.

[23] THAULOW N, SAHU S. Mechanism of concrete deterioration due to salt crystalliza-tion [J]. Materials Characterization, 2004, 53 (2): 123-127.

[24] KHATRI R P, SIRIVIVATNANON V, YANG J L. Role of permeability in sulphate attack [J]. Cement and Concrete Research, 1997, 27 (8): 1179-1189.

[25] MONTEIRO P J M. Scaling and saturation laws for the expansion of concrete exposed to sulfate attack [J]. Proceedings of the National Academy of Sciences of the United States of America, 2006, 103 (31): 11467-11472.

[26] 刘赞群, 裴敏, 刘厚, 等. 半浸泡混凝土中 Na_2SO_4 溶液传输过程[J]. 建筑材料学报, 2020, 23 (04): 787-793.

[27] LI B, CAO R, YOU N, et al. Products and properties of steam cured cement mortar containing lithium slag under partial immersion in sulfate solution [J]. Construction and Building Materials, 2019, 220: 596-606.

[28] 王申, 李保亮, 潘子云, 等. 掺磨细镍铁渣混凝土的耐久性及其与孔结构和水化程度的关系[J]. 中南大学学报（自然科学版）, 2020, 51 (05): 1189-1199.

8 锂渣粉的组成与结构

8.1 引言

锂渣粉外观呈乳白色（图8-1），是一种具有相对较高早期活性的火山灰材料[1]。将其用作混凝土矿物掺和料，可以起到改善混凝土孔结构[2]、降低混凝土收缩和渗透性[2-3]，以及提高混凝土弹性模量等作用[2]。但是，锂渣粉的含水率较高（经过压榨脱水的锂渣粉仍然有5%~15%的含水率），导致其在粉磨过程中难以流动、入料较难。掺入锂渣粉会导致混凝土需水量增加。

2cm

图 8-1　锂渣粉的外观

本章分析典型锂渣粉的生产工艺、组成及特性，以期指导锂渣粉的工程应用。

8.2 锂渣粉的生产工艺

锂渣粉来源于硫酸法制备碳酸锂过程中产生的副产品。硫酸法生成碳酸锂的主要工艺流程（图8-2）分为四步：（1）焙烧。锂辉石在

950～1100℃下焙烧，从密度 $3.2g/cm^3$ 的 α 相转变为密度 $2.4g/cm^3$ 的 β 相。磨细的 β 相锂辉石与浓硫酸在 250～300℃ 的回转窑中硫酸化焙烧 10min。（2）硫酸锂的溶出。在此过程中，利用石灰石粉（或碳酸钙）中和过量的硫酸，并用石灰乳调整溶液的 pH，然后用碳酸钠除去未反应的石灰乳。（3）过滤。采用蒸发和过滤等手段去除溶液中的杂质，提高硫酸锂溶液的浓度。在此过程中，采用炭黑等吸附剂使溶液脱色，并采用硫酸调整溶液的 pH，最后用饱和碳酸钠溶液将硫酸锂转化为碳酸锂沉淀。（4）洗涤。采用热水反复洗涤，并经干燥后，形成碳酸锂成品。在此过程中形成的杂质、废渣等为锂渣粉。

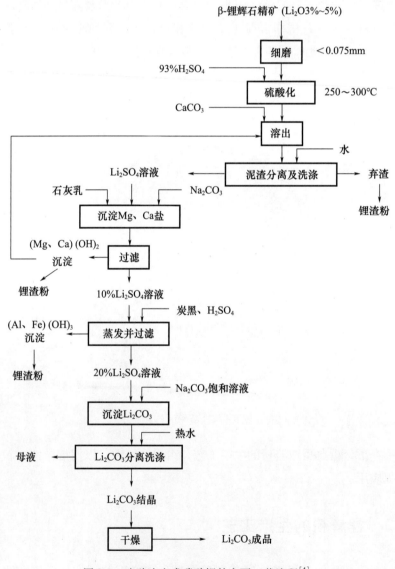

图 8-2　硫酸法生成碳酸锂的主要工艺流程[4]

根据碳酸锂的生产工艺，锂渣中存在的成分可能有残留的硫酸、碳酸钙、硫酸钙、碳酸钠、硫酸钠、碳酸锂、$Mg(OH)_2$、$Ca(OH)_2$、$Al(OH)_3$ 与 $Fe(OH)_3$ 沉淀、炭黑以及锂辉石原材料中的其他杂质。其中，$Mg(OH)_2$、$Ca(OH)_2$、$Al(OH)_3$ 与 $Fe(OH)_3$ 在锂渣粉露天暴晒过程中可碳化成相应的碳酸盐。

8.3 锂渣粉的化学组成

锂渣粉的化学组成见表8-1。通常，锂渣粉中 CaO 的含量较少，一般在 3.6% ~ 10.1%[5-8]，主要来源于碳酸锂生产过程中的碳酸钙和石灰乳；锂渣粉中 SiO_2 和 Al_2O_3 的含量非常高，其含量分别在 52.2% ~ 62.0% 和 17.0% ~ 20.6% 之间[5-8]，主要来源于锂辉石（化学式 $LiAlSi_2O_6$）。但是，锂渣粉中 SO_3、Na_2O 和 K_2O 的含量同样较高，其含量分别在 4.5% ~ 9.2%、0.25% ~ 0.89% 和 0.1% ~ 5% 之间[4-7]。锂渣中较高的 SO_3 含量主要来源于石膏和硫酸钠；较多的 Na_2O 主要来源于硫酸钠和碳酸钠，少量来源于锂辉石；较高的 K_2O 含量主要来源于锂辉石，因为锂辉石作为一种天然矿物，其与脉石共生，常见共生矿物相为石英、长石、云母以及伟晶花岗岩等[8]，因此，锂辉石中还会含有 Na_2O、K_2O、MgO 与 Fe_2O_3 等成分。硫酸钠和碳酸钠等为水泥混凝土中常用的早强剂，而石膏作为水泥的调凝剂，同样具有提高水泥早期强度的作用，但是锂渣中如此多的 SO_3 容易引起混凝土中延迟钙矾石的产生[9]。另外，锂渣中较高的 K_2O 含量在硫酸盐等的共同作用下，在水泥水化早期是否会导致钾石膏或者硫酸钾等过渡性水化产物的产生[10]等问题都需要进一步研究。

表 8-1 锂渣粉的化学组成　　　　　　　　　　　%

氧化物	CaO	SiO_2	Al_2O_3	SO_3	Fe_2O_3	MgO	Na_2O	K_2O	P_2O_5	TiO_2
锂渣粉	4.53	62.40	22.10	6.73	1.06	0.49	0.89	0.52	1.12	0.16
水泥	64.47	20.87	4.87	2.52	3.59	2.13	0.11	0.65	0.61	0.18

由表8-1可见，锂渣粉中的 Ca/Si 摩尔比为0.08，而水泥中的 Ca/Si 摩尔比为3.31，因此，掺锂渣可降低水泥浆体整体的 Ca/Si 摩尔比，从而可能降低水化产物 C-S-H 凝胶的 Ca/Si 摩尔比。

按照公式（% CaO + % MgO）/（% SiO_2 + % Al_2O_3）[11]计算的锂渣粉碱度系数为0.06，小于0.5，说明锂渣粉是酸性渣粉。为验证此结论，将锂渣粉与自来水按照 1:10 的质量比拌和，搅拌 4h 后，测得其 pH 为 7.5，而自来水的 pH 为 7.9，说明含锂渣粉的溶液呈现微弱的酸性，因此，掺锂渣粉较多时，将降低混凝土的碱度。

按照标准《用于水泥中的粒化高炉矿渣》（GB/T 203—2008）中公式（% CaO + % MgO + % Al$_2$O$_3$）/（% SiO$_2$ + % TiO$_2$）计算的锂渣粉质量系数为 0.43，说明锂渣粉的活性较低，但是根据标准《用于水泥和混凝土中的锂渣粉》（YB/T 4230—2010）测试的锂渣粉 28d 活性指数较高，为 92%，因此，以上方法不能用来评价锂渣粉的活性。

由于锂是自然界最轻的金属元素，其原子序数仅为 3，类似 H 元素，无法用 XRF 方法测试其含量。为测试锂元素对水泥水化的影响，将 1g 锂渣粉置于 100g pH 为 13 的 NaOH 溶液中浸泡 24h，利用 ICP 测试其上清液中的离子含量，同时以去离子水作为 NaOH 的对比溶液进行试验，结果见表 8-2。可见，在碱性环境下，锂渣粉中溶出的主要元素为 S、Ca、Si、Al 和 K 等，因此锂渣粉中影响水泥水化的主要元素为 S、Ca、Si、Al 和 K 等，而 Li 的影响较小。

表 8-2　锂渣粉在氢氧化钠溶液中溶出离子的浓度　　　×10^{-6}

溶液	Na	Mg	Al	Si	S	K	Ca	Fe	Li
NaOH	> 180.605	< 0.003	6.916	7.254	106.276	1.020	19.348	< 0.001	< 0.001
去离子水	< 0.011	< 0.003	< 0.001	< 0.024	> 172.232	< 0.025	119.092	< 0.001	< 0.001

另外，锂渣粉与水在质量比 1 : 0.3 条件下拌和后，在室温和 80℃蒸养 7h ~ 7d 条件下均不会出现硬化现象，说明锂渣粉无自硬化能力。

8.4　锂渣粉的物相组成

锂渣粉的 XRD 图谱见图 8-3。锂渣粉中存在的主要物相为锂辉石、石膏和石英，用 XRD/Rietveld 方法分析其含量，分别为 66.2%、13.3% 和 7.9%；同时，锂渣粉中含有 12.6% 的无定形玻璃体。其中，石膏主要来源于石灰石粉（或碳酸钙）和硫酸的反应，而石英主要是锂辉石中的共生矿物。锂渣粉中较少的玻璃体含量与锂渣粉和浓硫酸的硫酸化焙烧温度较低有关（250 ~ 300℃）。

由锂渣粉中各矿物相含量可知，尽管锂渣粉中 SiO$_2$ 和 Al$_2$O$_3$ 的含量较高，但是它们主要存在于锂辉石中而非玻璃体中。作为锂渣粉中 SiO$_2$ 和 Al$_2$O$_3$ 主要载体的锂辉石活性较低，但是 80℃ 蒸养可以加速其反应[1]。锂辉石在结构上类似沸石[12]，而沸石具有火山灰活性，天然沸石的活性高于粉煤灰，却不如硅灰[13]。锂渣粉的热重与热重微分曲线如图 8-4 所示，锂渣粉的烧失量高达 8.2%，除了与石膏有关，还与锂渣中存在的碳酸盐有关，此部分碳酸盐可能是碳酸钙、碳酸钠或碳酸锂的一种或几种，而碳酸锂同样是一种早强剂，可以加速水泥的水化[14]。

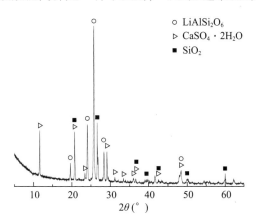

图 8-3　锂渣粉的 XRD 图谱

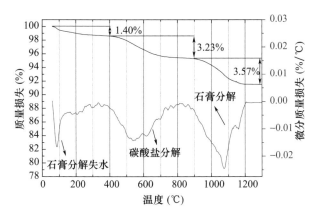

图 8-4　锂渣粉的热重与热重微分曲线

　　锂渣粉的红外光谱见图 8-5。其中，$3420cm^{-1}$ 和 $1630cm^{-1}$ 的振动带对应于 H—OH 基团和自由水的弯曲振动[15]，这与锂渣粉中石膏的结晶水以及锂渣粉的吸附水有关。在 $1480cm^{-1}$ 和 $1320cm^{-1}$ 之间的 CO_3^{2-} 基团的反对称拉伸模式[15]，反映锂渣粉中存在碳酸盐。$660cm^{-1}$ 和 $600cm^{-1}$ 的振动对应于锂渣粉中的硫酸盐。出现 $1080cm^{-1}$ 的反对称拉伸带和 $780cm^{-1}$ 的对称拉伸带是由于石英的存在[15]。而 $1150cm^{-1}$ 与 $1000cm^{-1}$ 之间的振动带对应锂辉石中 Si-O-Si（Al）的不对称拉伸振动，$550cm^{-1}$ 和 $430cm^{-1}$ 分别对应锂渣中锂辉石的 AlO_4 四面体和 SiO_4 四面体[16]。因此，红外分析的结果也说明锂渣粉中存在锂辉石、石英、硫酸盐与碳酸盐等相。

　　锂渣粉的扫描电镜照片如图 8-6 所示。在扫描电镜下，锂渣粉颗粒主要呈现碎石状，同时可见有少量的棒状晶体，两种物质在锂渣中含量最多，分别是锂辉石和石膏。锂渣的形貌决定了其不具备粉煤灰的滚珠效应，从而不具备类似粉煤灰的减水效应[17]。

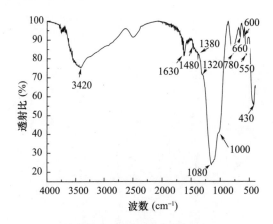

图 8-5　锂渣粉的红外光谱

图 8-6　锂渣粉的扫描电镜形貌

锂渣粉中锂辉石 $LiAlSi_2O_6$ 的形貌为层状，如图 8-7（a）所示，其元素组成见表 8-3。Botto 的研究指出[12]：锂辉石具有层状类沸石结构，结构类似 $\beta\text{-}LiAlSi_2O_6$，具有铝硅四面体结构，其阳离子为可交换的 Li^+、Na^+、K^+、Rb^+、Cs^+、Ag^+ 和 H_3O^+ 等，因此赋予其良好的离子交换和分子筛功能。锂辉石的层状沸石结构同时赋予其较大的比表面积，因此添加到混凝土中，可增加混凝土的需水量。

另外，锂辉石质地较软，密度为 $2.4g/cm^3$，因此，锂渣粉较易粉磨[12]。同时，因为锂辉石是锂渣粉中含量最多的矿物，因此，锂渣粉具有较低的密度（$2.4\sim2.6g/cm^{3[1-2]}$）。

锂渣粉中石膏的形貌为棒状，如图 8-7（b）所示。在高温烘干过程中石膏会失去结晶水变成半水石膏或者硬石膏，因此石膏的存在增加了锂渣粉的含水率，但是锂渣粉中的石膏可以与水泥中的铝酸盐矿物反应，使水泥在水化早期形成较多的钙矾石，因此也导致锂渣粉具有较高的需水量。除了硫酸钠外，锂渣粉中的碳酸钠和碳酸锂同样可以加速水泥水化，使水泥浆体中形成较多的钙矾石，这是由于 CO_3^{2-} 等可以取代部分 SO_4^{2-} 参与钙矾石的形成过程中[18]，从而使锂渣水泥具有较高的需水量。

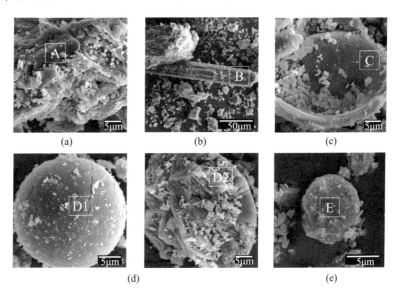

图 8-7　锂渣中各物相的形貌

（a）锂辉石；（b）石膏；（c）硅藻土；（d）锂辉石；（e）碳酸钙

锂渣粉中硅藻土的形貌为圆盘状，且有较多的气孔，如图 8-7（c）所示。由其形貌及其主要化学组成（表 8-3）为 SiO_2 可判定其为硅藻土[19]。硅藻土通常具有圆盘状和圆柱状两种形貌，为天然的火山灰材料，其 SiO_2 含量在 68.7% ~ 78.2% 之间，易粉磨，孔隙率高达 90%，比表面积大，具有良好的保温、保水性能，但会导致混凝土需水量大，并进一步降低混凝土的强度[20-22]。硅藻土因其孔隙率大，常用作吸附剂。锂渣粉中硅藻土的出现，可能与锂辉石的共生矿物有关。虽然硅藻土在锂渣粉中含量较少，但是它仍然是导致锂渣粉含水率较高的主要因素，同时也是锂渣粉混凝土需水量高的重要原因。

表 8-3　图 8-7 锂渣中各物质的元素组成　　　　　%

物质	C	O	Si	Ca	Al	S	Mg
A	27.29	45.06	19.36	—	8.29	—	—
B	27.10	40.12	2.03	17.17	2.77	10.81	—
C	28.38	53.20	16.57	0.67	1.18	—	—
D1	15.71	60.31	14.59	—	9.39	—	—
D2	21.37	53.15	14.80	0.61	10.07	—	—
E	25.06	47.87	0.70	24.04	—	—	2.33

锂渣粉中还可见有少量球形物质，如图8-7（d）所示。其化学组成主要为Si、Al和O（表8-3），并且球形物质的断面清晰可见为层状，如图8-7（e）所示。表8-3同样确定了该断面的化学组成主要为Si、Al和O，因此，可断定此球形物质为锂辉石。

锂渣粉中还有少量饼状物质，如图8-7（e）所示。由能谱分析可知其为碳酸钙。碳酸钙的存在是锂渣烧失量高的又一个原因。碳酸钙主要来源于中和过量硫酸过程中的石灰石粉，以及碳酸钠与石灰乳的反应。碳酸钙和锂渣粉中的碳酸钠、碳酸锂可以与水泥中的铝酸盐矿物反应，生成单碳水化碳铝酸盐，在相同水化程度下，有助于增加水泥浆体中固相的体积，从而降低水泥浆体的孔隙率，提高混凝土的密实度[23-24]，有助于提高混凝土的耐久性。

8.5　锂渣粉的孔结构

8.5.1　氮气吸附/脱附等温曲线及锂渣粉的孔形分析

图8-8为锂渣粉与P·Ⅱ52.5水泥的吸附/脱附等温曲线。根据吸附等温线的分类，锂渣粉与水泥的吸附等温线均近似属于第Ⅲ类等温线[25]。其中，当相对压力$P/P_0 < 0.1$时，锂渣粉氮气吸附等温线呈上凸形（而水泥则不存在），对应于氮气吸附的第一个阶段——单层吸附或微孔填充，说明锂渣粉中存在少量的一端封闭的圆柱形孔［对应于锂渣粉中的硅藻土，见图8-7（c）］、层状狭缝孔［对应于锂渣粉中的锂辉石，见图8-7（a）］或墨水瓶孔（对应于锂渣粉中的炭黑[26]等）等；而$0.1 < P/P_0 < 0.8$（水泥为$0.1 < P/P_0 < 0.9$）时，吸附等温线缓慢上升，斜率较小，对应氮气吸附的第二个阶段，即多层吸附；而$0.8 < P/P_0$（水泥为$0.9 < P/P_0$）时，吸附等温线急剧上升，对应于氮气的毛细凝聚。

另外，相对于水泥的吸附/脱附等温曲线，锂渣粉的吸附、脱附等温曲线之间形成"迟滞回线"，根据其线型，可知其为H3和H4型混合型迟滞回线，其中H3型迟滞回线主要由层状颗粒引起，例如部分黏土等，而H4型迟滞回线常见于沸石、碳颗粒中[25]。因此，锂渣粉中的孔主要由层状锂辉石、炭黑颗粒以及硅藻土等造成。

由图8-8还可见，相对于水泥，锂渣粉具有更高的吸附等温曲线，这与锂渣粉的多孔性质有关，而水泥粉颗粒大部分是碎石状的固体颗粒，不具备多孔性质。

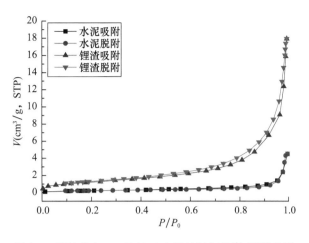

图 8-8　锂渣粉与 P・Ⅱ 52.5 水泥的氮气吸附/脱附曲线

8.5.2　锂渣粉孔径分布

根据孔对氮气的吸附过程，可将多孔材料中的孔分为微孔（<2nm）、中孔（2~50nm）和大孔（>50nm）[27]。锂渣粉的累计孔体积与孔径分布如图 8-9 所示。与水泥样品相比，锂渣粉具有更高的累计孔体积，接近水泥孔体积的 4 倍。微分孔径分布［图 8-9（b）］显示，锂渣粉的孔径分布较宽，呈现双峰分布，最可几孔径为 2.4nm，小于 50nm 的孔占总孔体积的 55.3%，而大于 50nm 的孔占总孔体积的 44.7%，说明锂渣粉中的孔主要为中孔。水泥中的孔径分布类似正态分布，其最可几孔径为 3.6nm，小于 50nm 的孔占总孔体积的 44.4%，说明水泥中的孔主要为大孔。

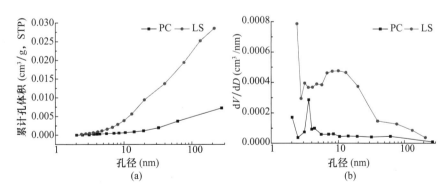

图 8-9　锂渣粉和水泥粉的累计孔体积与微分孔径分布

8.5.3　锂渣粉的比表面积、平均孔径和总孔体积

根据 BET 和 BJH 模型计算的锂渣粉和水泥的比表面积、平均孔径和总孔体积见表 8-4。由于锂渣粉的多孔性，其比表面积接近水泥的 5 倍，但是 BET 方法测试出的比表面积远大于勃氏比表面积（锂渣粉为 432m²/kg，

水泥为 $356m^2/kg$）。相比勃氏比表面积法，BET 方法的测试结果更为可靠，这与 BET 方法的不用假设颗粒形状或者不采用半经验公式有关[28]。

表 8-4　锂渣粉和水泥的氮气吸附结果分析

样品	BET 比表面积（m^2/g）	平均孔径（nm）	总孔体积（cm^3/g）
水泥	0.8837	36.88	0.0071
锂渣	4.4001	19.96	0.0285

8.6　锂渣粉在水泥混凝土中的作用

综上所述，锂渣粉在水泥混凝土中的作用机理主要包括：

（1）吸附作用。在预拌混凝土阶段，多孔锂渣粉对水泥浆体中自由水的吸附，增大了混凝土的需水量。

（2）化学激发剂作用。锂渣粉中的硫酸钠、碳酸钠、碳酸锂与碳酸钙等可以加速水泥的早期水化。另外，锂渣粉中的石膏还有调节水泥凝结时间的作用，即石膏含量较少时，可以延缓水泥水化、延长凝结时间，而当石膏含量较高时可以加速水泥水化、缩短水泥凝结时间。

（3）填充效应。锂渣粉代替水泥可以为单位质量水泥水化提供更多的水，同时为水泥水化产物提供更大的生长空间。另外，锂渣粉颗粒还可以为水泥水化产物提供成核点。

（4）火山灰反应[29]。锂渣粉中大量的 SiO_2、Al_2O_3 可以与水泥水化产物氢氧化钙反应，生成水化硅酸钙、水化铝酸钙等二次水化产物，改善水泥混凝土的后期强度和耐久性。

8.7　本章小结

锂渣粉属于酸性渣，因此，掺加锂渣粉会降低水泥浆体的碱度；锂渣粉中影响水泥水化的主要元素为 S、Ca、Si、Al 和 K，而 Li 元素影响较小。除石膏外，锂渣粉具有较高活性的原因还与其含有的硫酸钠、碳酸钠和碳酸锂有关；锂渣粉中含有层（块）状锂辉石、棒状石膏、多孔状硅藻土、球形锂辉石与饼状碳酸钙等；锂渣粉为多孔材料，其孔主要由锂辉石、炭黑与硅藻土等引起；锂渣粉中的 BET 比表面积为水泥的 5 倍，总孔体积为水泥的 4 倍，但平均孔径小于水泥。

层状锂辉石、石膏、硅藻土与炭黑等是导致锂渣粉含水率较高的原因，同时，凝胶状氢氧化铝/铁也是锂渣粉含水率高的原因；此外，锂渣粉混凝土需水量大还与石膏、硫酸钠、碳酸钠和碳酸锂等可与水泥中铝酸盐矿物反应形成的钙矾石等有关。锂渣粉在水泥混凝土中的作用机理包括：多孔锂渣粉对水泥浆体中自由水的吸附作用；锂渣粉中硫酸盐、碳酸盐等对水泥混凝土的早期激发作用；锂渣粉的填充效应；锂渣粉的火山灰反应。

参考文献

[1] 李保亮，尤南乔，朱国瑞，等.蒸养条件下锂渣复合水泥的水化产物与力学性能[J].材料导报，2019，33（12）：4072-4077.

[2] HE Z H, LI L Y, DU S G. Mechanical properties, drying shrinkage, and creep of concrete containing lithium slag [J]. Construction and Building Materials, 2017, 147：296-304.

[3] LUO Q, HUANG S W, ZHOU Y X, et al. Influence of lithium slag from lepidolite on the durability of concrete ［C］// IOP Conference Series：Earth and Environmental Science, 2017：012151.

[4] 张兰芳.高性能锂渣混凝土的试验研究[J].辽宁工程技术大学学报，2007，26（6）：877-880.

[5] CHEN D, HU X, SHI L, et al. Synthesis and characterization of zeolite X from lithium slag [J]. Applied Clay Science, 2012, 59/60 （5）：148-151.

[6] TAN H, LI X, HE C, et al. Utilization of lithium slag as an admixture in blended cements：Physico-mechanical and hydration characteristics ［J］. Journal of Wuhan University of Technology-Mater. Sci. Ed. , 2015, 30 （1）：129-133.

[7] TAN H, ZHANG X, HE X, et al. Utilization of lithium slag by wet-grinding process to improve the early strength of sulphoaluminate cement paste ［J］. Journal of Cleaner Production, 2018, 205：536-551.

[8] 杨重愚.轻金属金属学[M].北京：冶金工业出版社，2017.

[9] LI B, CAO R, YOU N, et al. Products and properties of steam cured cement mortar containing lithium slag under partial immersion in sulfate solution ［J］. Construction and Building Materials, 2019, 220：596-606.

[10] 阎培渝，韩建国.复合胶凝材料的初期水化产物和浆体结构[J].建筑材料学报，2004，7（2）：202-206.

[11] 刘荣进，陈平.水淬锰渣的成分、结构及性能研究[J].铁合金，2009，40（3）：42-46.

[12] BOTTO I L . Structural and spectroscopic properties of leached spodumene in the acid roast processing ［J］. Mater Chem Phys, 1985, 13 （5）：423-436.

[13] CHAN S Y N, JI X. Comparative study of the initial surface absorption and chloride diffusion of high performance zeolite, silica fume and PFA concretes ［J］. Cement and Concrete Composites, 1999, 21 （4）：293-300.

［14］韩建国，阎培渝．锂化合物对硫铝酸盐水泥水化历程的影响［J］.硅酸盐学报，2010，38（4）：608-614.

［15］ISMAIL I，BERNAL S A，PROVIS J L，et al. Modification of phase evolution in alkali-activated blast furnace slag by the incorporation of fly ash［J］. Cement and Concrete Composites，2014，45：125-135.

［16］NASKAR M K，CHATTERJEE M. A novel process for the synthesis of lithium aluminum silicate powders from rice husk ash and other water-based precursor materials［J］. Mater Lett，2005，59（8）：998-1003.

［17］孙耀峰．基于粉煤灰减水效应的混凝土强度试验研究［D］.兰州：兰州理工大学，2011.

［18］TAYLOR H F W. Cement chemistry［M］. London：Thomas Telford Ltd，1997.

［19］钱婷婷．硅藻土基定形复合相变储能材料的制备与性能研究［D］.北京：中国地质大学（北京），2017.

［20］ERGÜN A. Effects of the usage of diatomite and waste marble powder as partial replacement of cement on the mechanical properties of concrete［J］. Construction and Building Materials，2011，25（2）：806-812.

［21］YILMAZ B，EDIZ N. The use of raw and calcined diatomite in cement production［J］. Cement and Concrete Composites，2008，30（3）：202-211.

［22］DEGIRMENCI N，YILMAZ A. Use of diatomite as partial replacement for Portland cement in cement mortars［J］. Construction and Building Materials，2009，23（1）：284-288.

［23］MATSCHEI T，LOTHENBACH B，GLASSER F P. The role of calcium carbonate in cement hydration［J］. Cement and Concrete Research，2007，37（4）：551-558.

［24］LOTHENBACH B，LE SAOUT G，GALLUCCI E，et al. Influence of limestone on the hydration of Portland cement［J］. Cement and Concrete Research，2008，38（6）：848-860.

［25］THOMMES M，KANEKO K，NEIMARK A V，et al. Physisorption of gases, with special reference to the evaluation of surface area and pore size distribution（IUPAC Technical Report）［J］. Pure and Applied Chemistry，2015，87（9/10）：1051-1069.

［26］TSENG R L，WU F C，JUANG R S. Liquid-phase adsorption of dyes and phenols using pinewood-based activated carbons［J］. Carbon，2003，41（3）：487-495.

［27］陈捷，卢都友，李款，等．氮气吸附法研究偏高岭土基地聚合物孔结构特征［J］.硅酸盐学报，2017，45（8）：1121-1127.

［28］MANTELLATO S，PALACIOS M，FLATT R J. Reliable specific surface area measurements on anhydrous cements［J］. Cement and Concrete Research，2015，67：286-291.

［29］李保亮，尤南乔，曹瑞林，等．锂渣粉的组成及在水泥浆体中的物理与化学反应特性［J］.材料导报，2020，34（10）：10046-10051.

9 锂渣粉在碱-水热环境下的溶出特性和反应产物

9.1 引言

碱激发胶凝材料是目前最具有发展潜力的绿色胶凝材料之一[1-2]。由于锂渣粉中 SiO_2 与 Al_2O_3 的总含量普遍高于 70%[3-4]，锂渣粉可作为制备碱激发材料的潜在原料[5-6]。张亚梅教授团队研究发现[7]，锂渣粉中 SiO_2 和 Al_2O_3 大部分存在于 $LiAlSi_2O_6$ 矿物相中，少量存在于无定形玻璃体相中，早期 80℃蒸养有利于锂渣粉中锂辉石的反应。吴福飞等[8]研究表明，与标准养护、热养护和碱激发条件下相比，碱激发和热养护复合条件下锂渣粉的反应程度显著提高。然而，目前碱-水热激发条件下锂渣粉的火山灰活性、不同蒸养温度对锂渣粉的活性激发机理等尚不清楚。此外，硅铝酸盐粉体在碱激发条件下的反应过程是通过玻璃体结构在碱激发剂的作用下解体、重构实现的[1]，探明硅铝酸盐粉体在不同激发溶液中的溶解和聚合规律，对深入理解碱激发材料的反应机理具有重要意义[9-10]。考虑到氢氧化钠溶液在碱激发体系中可直接作为碱激发剂使用或用于不同碱度混合激发剂溶液的配制，因此，本章选取不同摩尔浓度的氢氧化钠溶液用于锂渣的选择性溶出行为研究，介绍温度和碱对锂渣粉活性激发的耦合作用以及锂渣中活性组分在不同碱-水热环境下的溶出情况和反应行为[11]。

9.2 锂渣粉在不同碱-水热环境下的元素溶出率

锂渣粉中 Si、Al 和 Ca 元素在不同碱-水热环境下的溶出率如图 9-1 所示。

图 9-1（a）显示 60℃溶出温度条件下，锂渣粉中 Si、Al 和 Ca 元素在不同摩尔浓度氢氧化钠溶液中溶出反应 60min 后的溶出率。锂渣粉中 Si 和 Al 的溶出率随摩尔浓度的提高而逐渐增长，在 1~6mol/L 内均呈现快速增长趋势，但在 6~10mol/L 内其增长趋势均明显减缓。Si—O 和 Al—O 键的断裂主要受 OH^- 浓度的影响，虽然 Al—O 键比 Si—O 键更容

易断裂[12]，但是由于锂渣粉中的 Si、Al 元素含量差异明显，所以 Si 的溶出率明显高于 Al。在 60℃溶出温度条件下，Ca 元素在每 1mol/L 的氢氧化钠溶液中已大量溶出，而随着摩尔浓度的提高，其溶出率呈现下降趋势，除了一部分 Ca 会与已溶出的 Si 和 Al 发生反应生成凝胶产物外，当摩尔浓度超过 5mol/L 时，由于溶液中大量 OH⁻ 的存在，部分尚未参与凝胶产物形成的 Ca 会以 Ca(OH)₂ 的形式存在，导致 Ca 的溶出率显著降低。综合以上结果，60℃溶出温度条件下，锂渣粉中各可溶出元素在 5mol/L 的氢氧化钠溶液中的溶出效率更高。

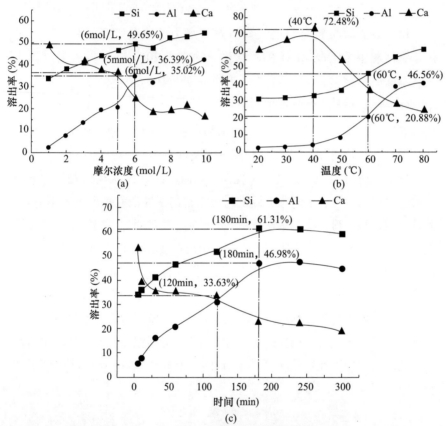

图 9-1　锂渣粉中 Si、Al 和 Ca 元素在不同碱-水热环境下的溶出率
（a）60℃，60min；（b）5mol/L，60min；（c）5mol/L，60℃

图 9-1（b）显示在 5mol/L 氢氧化钠溶液中溶出反应 60min 后锂渣粉中 Si、Al 和 Ca 元素的溶出率随溶出温度的变化。当反应温度在 40℃以下时，Si 和 Al 的溶出率增长非常缓慢，而随着温度的升高，溶出率均显著提高，且在 60℃时其增长幅度最大。40℃时，Ca 溶出率已达到最大值的 72.48%，而随着溶出温度的提高，其溶出率开始显著降低，这主要是由于在高温环境下伴随着大量的 Si 和 Al 的溶出，并与 Ca 相互发生反应生成凝胶物质，这从 XRD 测试结果中可以看出。综合来看，

反应环境温度的变化对锂渣中可溶出 Si、Al 和 Ca 的溶出率影响较大，且 60℃以上的高温环境有利于锂渣的溶出进程和活性激发。

图 9-1（c）显示在 60℃、5mol/L 的碱-水热环境下锂渣粉中 Si、Al 和 Ca 元素的溶出率随溶出时间的变化。Ca 元素在 5min 时的溶出率已达到最大值 55％ 左右。锂渣粉中的 Ca 主要存在于二水石膏和半水石膏之中，而在碱-水热环境下，其分解反应快速，Ca 大量溶出，并在强碱性环境下生成 $Ca(OH)_2$ 沉淀导致 Ca 的溶出率测试值下降显著。随着溶出反应时间的延长，Si 和 Al 元素的溶出率不断提高，并在 180min 时达到最大值，然后开始呈现降低趋势，而恰巧此时 Ca 的溶出率再次出现了明显的下降趋势，说明在 180min 时体系中 Si、Al 和 Ca 之间发生剧烈反应，生成 N(C)-S-A-H 凝胶相，这从 XRD 和 FTIR 的分析结果中也可以得到验证。

9.3　锂渣粉在不同碱-水热环境下的反应产物

9.3.1　XRD 结果分析

锂渣粉及其在不同碱-水热环境下反应产物的 XRD 图谱如图 9-2 所示。从图 9-2（a）中可以看出，在 60℃ 的温度条件下，溶出反应 60min，锂渣粉的物相组成在氢氧化钠溶液中发生了明显变化。氢氧化钠的摩尔浓度为 1mol/L 时，锂渣粉中二水石膏和半水石膏的晶体峰完全消失，同时，XRD 图谱中出现明显的 $Ca(OH)_2$ 的衍射峰，这说明锂渣粉颗粒与碱溶液混合后，其中的二水石膏和半水石膏迅速完全溶解为游离态，并会进一步参与反应生成 $Ca(OH)_2$。根据勒夏特列原理，氢氧化钠溶液的强碱性环境中存在大量的 OH^-，从化学反应动力学角度来看，有利于反应式(9-1)[13] 向右发展，并促进反应式（9-2）[13] 向左进行；此外，由于 $K_{sp}(CaSO_4) > K_{sp}[Ca(OH)_2]$，因此体系中的反应会向 $Ca(OH)_2$ 的生成方向进行。这里需要说明的是，由于锂渣粉中可溶出的 Ca 元素含量有限，虽然其原材料中含有少量碳酸盐类物质，此处没有观察到明显的 $CaCO_3$ 沉淀。

$$CaSO_4 \rightleftharpoons Ca^{2+} + SO_4^{2-} \qquad K_{sp} = 7.1 \times 10^{-5} \qquad (9\text{-}1)$$

$$Ca(OH)_2 \rightleftharpoons Ca^{2+} + 2OH^- \qquad K_{sp} = 8.0 \times 10^{-6} \qquad (9\text{-}2)$$

随着氢氧化钠溶液摩尔浓度的提高，可以看到代表石英的衍射峰没有出现明显的变化，而锂辉石的衍射峰强度出现下降趋势。此外，这里并没有发现显著的代表水化产物的晶型衍射峰和弥散峰，这说明在一定的反应温度条件和有限的反应时间内，摩尔浓度的升高在一定程度上有利于锂渣粉中锂辉石等成分的溶解，但对碱激发锂渣反应程度的提高并不显著。

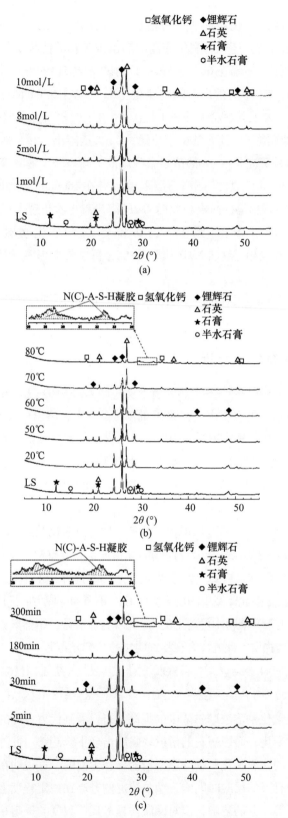

图 9-2　锂渣粉及其在不同碱-水热环境下溶出后滤渣的 XRD 图谱
（a）60℃，60min；（b）5mol/L，60min；（c）5mol/L，60℃

　　设定氢氧化钠溶液的摩尔浓度为5mol/L，锂渣粉在不同温度条件下溶出反应60min和在60℃温度条件下溶出反应不同时间的XRD测试结果分别如图9-2（b）和图9-2（c）所示。溶出温度和反应时间对整个体系反应进程的影响要大于氢氧化钠溶液的摩尔浓度。随着溶出温度提高至70℃和80℃［图9-2（b）］，以及在60℃温度条件下反应时间延长至180min和300min［图9-2（c）］，Ca(OH)$_2$的衍射峰强度逐渐降低，锂辉石衍射峰逐渐消失，同时观察到XRD衍射图谱中20°~40°（2θ）范围之间出现了明显的"馒头"弥散峰。结合文献［6-14］可知，该范围内的弥散峰应为碱激发锂渣粉胶凝材料中的无定形相凝胶峰，具体为N-A-S-H与C-A-S-H混合凝胶的衍射峰，其形成的反应方程式分别见反应式（9-3）和式（9-4）[15-16]。以上结果说明，锂渣粉中的Si、Al和Ca随着溶出温度的提高和反应时间的延长而大量溶出，并参与体系中产物的生成。

$$4SiO_2 + Al_2O_3 + 2NaOH + H_2O \Longleftrightarrow Na_2O \cdot Al_2O_3 \cdot 4SiO_2 \cdot 2H_2O \quad (9\text{-}3)$$
$$3SiO_2 + Al_2O_3 + Ca(OH)_2 + 2H_2O \Longleftrightarrow CaO \cdot Al_2O_3 \cdot 3SiO_2 \cdot 3H_2O \quad (9\text{-}4)$$

　　需要注意的是，锂渣粉在60℃温度条件下溶出300min的XRD图谱中存在半水石膏衍射峰［图9-2（c）］。这可能是由于部分未参与凝胶产物生成的Ca与体系中存在的硫酸根离子在高温冷却后的溶出液中再次生成半水石膏，这也在一定程度上导致Ca的测试溶出率下降［图9-1（c）］，同时使Ca(OH)$_2$的衍射峰强度降低。关于碱激发锂渣粉体系中硫酸根的存在形式，一方面由于水泥基材料体系中水化产物对硫酸根离子的吸附作用[17-18]，锂渣粉中石膏相分解产生的部分硫酸根离子会被吸附在凝胶产物中；另一方面，从文献［5-6］中可知，锂渣粉中的硫酸根离子在碱激发锂渣粉胶凝材料的长龄期产物中会以硫酸钠结晶相的形式存在。随着反应进程的推进，锂渣粉中的Ca会全部参与C-A-S-H凝胶相的生成，而不是以本研究中所示的在水化过程早期以Ca(OH)$_2$或半水石膏相的形式存在。

9.3.2　FTIR结果分析

　　锂渣粉及其在不同碱-水热环境下反应产物的FTIR图谱如图9-3所示。表9-1列举出了FTIR测试结果中所有特征吸收峰的振动频率，具体可以分为以下四个部分：

　　（1）振动频率为3448cm^{-1}、3438cm^{-1}和3435cm^{-1}的特征吸收峰代表凝胶产物中O—H的收缩振动，振动频率为1655cm^{-1}、1637cm^{-1}和1624cm^{-1}的特征吸收峰代表凝胶产物中H—O—H的弯曲振动，上述特征吸收峰的强度可用于表征碱激发锂渣粉体系中水化产物N(C)-A-S-H凝胶的生成量[19]。吸收峰强度的提高，表明试样中水化产物生成量的增加[20]。从图 9-3（a）中可以看出，随着摩尔浓度的提高，锂渣粉溶出试样中上述特征吸收峰的强度无明显变化，说明在一定的温度和反应时间条件下，碱度的增加并不能促进水化反应的进行和反应程度的提高。与之相对，随着溶出温度提高至 70℃ 和 80℃ ［图 9-3（b）］，以及在 60℃ 条件下反应时间延长至 180min 和 300min ［图 9-3（c）］，FTIR 图谱中上述特征吸收峰强度明显提高，说明反应体系中有大量水化产物生成，这与 XRD 分析结论一致。

（2）振动频率为 1458cm^{-1}、1450cm^{-1}、1448cm^{-1}、1444cm^{-1}、881cm^{-1}、886cm^{-1}、689cm^{-1} 和 694cm^{-1} 的特征吸收峰代表 CO_3^{2-} 的非对称伸缩振动，这是由于在制样过程中样品与空气中的 CO_2 发生碳化反应或原材料中存在的碳酸盐类物质所导致[21]。在 70℃ 和 80℃ 的高温环境下与 180min 和 300min 的长时间溶出反应后，该范围内的吸收峰强度显著提高，这与锂渣粉在这样的碱-水热环境下有更多的成分溶出及化学反应有关。

（3）振动频率为 3546cm^{-1} 和 2501cm^{-1} 与 1620cm^{-1}、600cm^{-1} 和 669cm^{-1} 的特征吸收峰分别代表锂渣原材料中二水石膏和半水石膏的特征吸收峰，但该部分特征峰在滤渣的 FTIR 图谱中消失，这是由于石膏类物质在水热碱性环境下快速分解而很快消失，这与 XRD 分析的结果一致。

（4）锂渣的碱-水热激发过程导致其组分结构重组，碱激发锂渣的反应过程可以通过吸收频率为 1200～950cm^{-1} 范围内的 Si—O—T（$T =$ Al 或 Si）非对称伸缩振动吸收峰的振动频率位移来体现[22-23]。该范围内的吸收峰振动频率差异对应于 N-(C)-A-S-H 凝胶相内的硅氧四面体及铝氧四面体结构单元的组成变化，吸收峰的准确位置与特定样品中的 Si/Al 直接相关。Si 和 Al 的相对原子质量相近，但 Al—O 的价键力常数（0.75Å）小于 Si—O（1.61Å），而 Al—O 键比 Si—O 键长，随着三维结构中 Al 原子对 Si 原子的取代，四面体中 Al 原子数目增加，Al—O—Si 的键长延长，键角减小，从而导致振动频率的降低。Si—O—T（$T =$ Al 或 Si）非对称伸缩振动吸收峰的频率变化同时依赖于溶出温度和反应时间的改变。随着溶出温度的提高，该范围内主吸收峰频率从原材料中的 1151cm^{-1} 依次降低至 1107cm^{-1}（20℃）、1093cm^{-1}（50℃）、1093cm^{-1}（60℃）、1078cm^{-1}（70℃）和 995cm^{-1}（80℃），如图 9-3（b）所示；随着反应时间的延长，该范围内主吸收峰频率依次降低至 1105cm^{-1}（5min）、1101cm^{-1}（30min）、1016cm^{-1}（180min）和 999cm^{-1}（300min），如图 9-3（c）所示。正如上文所述，碱激发锂渣粉体系的反应进程与溶出温度和反应时间密切相关。在摩尔浓度为 5mol/L、8mol/L 和 10mol/L 的反应条件下，该范围内的特征吸收峰频率没有变化，再次说明氢氧化钠溶液的摩尔浓度对反应程度的提高无明显效果。

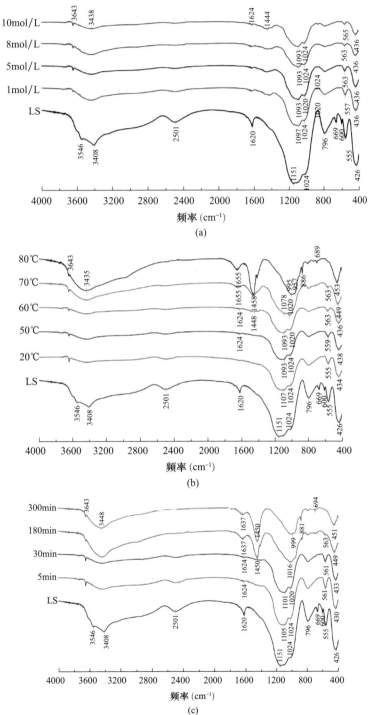

图 9-3　锂渣粉及其在不同碱-水热环境下溶出后滤渣的 FTIR 图谱

（a）60℃，60min；（b）5mol/L，60min；（c）5mol/L，60℃

表 9-1　FTIR 测试中的特征峰[24-27]

吸收峰频率（cm^{-1}）	化学键	对应产物
3643	vO—H	Ca(OH)$_2$
3546	—	CaSO$_4$·2H$_2$O
3448、3438、3435、3408	vO—H	N-(C)-A-S-H
2501	—	CaSO$_4$·2H$_2$O
1655、1637、1624	δH—O—H	N-(C)-A-S-H
1620	—	CaSO$_4$·0.5H$_2$O
1458、1450、1448、1444	vC—O	Na$_2$CO$_3$/CaCO$_3$
1200~950	vSi—O—Si，Al	N-(C)-A-S-H
881、886	vC—O	Na$_2$CO$_3$/CaCO$_3$
796	vSi—O—Si	SiO$_2$
689、694	vC—O	Na$_2$CO$_3$/CaCO$_3$
600、669	—	CaSO$_4$·0.5H$_2$O
565~555	δSi—O—Si/Si—O—Al	N-(C)-A-S-H
453~430	δSi—O	N-(C)-A-S-H
426	δSi—O—Si/O—Si—O	富 Si 相或 SiO$_2$

注：v—伸缩振动；δ—变形振动。

9.4　锂渣粉在不同碱-水热环境下的表观形貌

锂渣粉及其在不同碱-水热环境下溶出后滤渣的 SEM 图如图 9-4
所示。

(a)

图 9-4 锂渣粉及其在不同碱-水热环境下溶出后滤渣的 SEM 图

(a) 60℃, 60min；(b) 5mol/L, 60min；(c) 5mol/L, 60℃

如图9-4（a）所示，锂渣粉原材料颗粒表面光滑且致密，随着氢氧化钠溶液摩尔浓度的提高，锂渣粉颗粒的表面开始出现裂痕侵蚀痕迹，且此现象在5mol/L氢氧化钠溶液中越加明显，在10mol/L氢氧化钠溶液中溶出反应60min后，锂渣粉颗粒的表面出现显著的侵蚀刻痕，但并未发现可见的水化产物。结合前述可知，摩尔浓度的提高有利于锂渣粉中锂辉石等矿物成分的溶解，以及对颗粒表面的刻蚀作用，过高的摩尔浓度并不会促进锂渣水化反应的进行和水化产物的生成。

图9-4（b）显示在5mol/L氢氧化钠溶液中溶出反应60min后锂渣粉颗粒的微观形貌随溶出温度的变化。随着溶出温度的升高，锂渣粉颗粒表面侵蚀程度和水化程度均明显增大。20℃时，锂渣颗粒表面仅有少量侵蚀刻痕，但没有观察到明显的产物生成，说明以锂辉石为主体的锂渣粉在常温条件下很难有效发挥活性参与水化反应，锂渣粉颗粒表面致密且性质比较稳定，只有少量活性组分溶出。随着溶出温度提高至60℃，其颗粒表面出现白色絮状的凝胶相产物，当溶出温度提高至70℃和80℃时，锂渣粉颗粒表面受侵蚀的程度显著加大，锂渣粉颗粒表面发生大面积水化，絮状凝胶相产物明显增多。因此，随着溶出温度的提高，锂渣粉颗粒受侵蚀程度加大，环境温度的升高有利于锂渣火山灰活性的激发[10]，同时能够加速活性Si、Al和Ca的溶出过程、扩散速率与反应进程，并最终促使水化产物的大量生成。

图9-4（c）显示60℃条件下5mol/L氢氧化钠溶液中锂渣颗粒溶出不同时间后的SEM图。锂渣颗粒在180min时已出现明显的反应现象，其颗粒表面被白色絮状的凝胶相产物包裹，在此反应过程中，锂渣颗粒表面的Si—O和Al—O键在OH^-的作用下发生断裂，大量溶出的Si、Al和Ca相互发生反应生成N-A-S-H和C-A-S-H等凝胶产物，这也导致其在ICP测试中可测得的Si、Al和Ca溶出率均显著降低。随着溶出反应时间延长至240min，锂渣粉颗粒受侵蚀的程度加大，活性组分大部分被溶出，白色絮状物越来越多，反应生成的凝胶相逐渐形成一个连续的网状结构对颗粒体形成包裹。当锂渣粉颗粒的溶蚀过程和凝胶相的生成反应进行至300min时，水化产物已形成完整的网络结构。

碱激发锂渣粉是激发锂渣粉反应活性、提高其利用率的有效途径之一。本章介绍锂渣粉中Si、Al和Ca组分在不同碱-水热环境下的溶出过程和反应情况，一方面可以为探究锂渣粉中玻璃体组分和结构以及有效评价锂渣粉反应活性提供理论依据，另一方面也可以为碱激发锂渣粉胶凝材料中碱性激发剂的选择提供理论指导。

9.5　本章小结

（1）锂渣粉中二水石膏和半水石膏相在碱-水热环境下极易溶解，锂渣中迅速溶出的 Ca，除部分参与凝胶产物的生成外，其余 Ca 在强碱环境中主要以 $Ca(OH)_2$ 的形式存在。

（2）提高氢氧化钠溶液的摩尔浓度加速了锂渣颗粒的表面侵蚀和锂辉石等物相的溶解。锂渣粉中 Si 和 Al 的溶出率随摩尔浓度的升高（1～6mol/L）显著增加，而在摩尔浓度高于 6mol/L 时，锂渣中 Si 和 Al 的溶出率增长趋势明显减缓。

（3）当溶出温度高于 60℃时，锂渣粉的活性显著提高，锂渣粉中活性 Si、Al 和 Ca 的溶出、扩散与转移速率明显加速，N-A-S-H 与 C-A-S-H 混合凝胶相产物显著增多。

参考文献

［1］PROVIS J L，PALOMO A，SHI C. Advances in understanding alkali-activated materials［J］. Cement and Concrete Research，2015，78：110-125.

［2］郭凌志，周梅，王丽娟，等. 煤基固废地聚物注浆材料的制备及性能研究［J/OL］. 建筑材料学报：1-11.［2021-12-12］. http：//kns. cnki. net/kcms/detail/31. 1764. TU. 20211122. 1058. 002. html.

［3］YIREN W，DONGMIN W，YONG C，et al. Micro-morphology and phase composition of lithium slag from lithium carbonate production by sulphuric acid process［J］. Construction and Building Materials，2019，203：304-313.

［4］张广泰，张晓旭，田虎学. 盐冻环境下混杂纤维锂渣混凝土梁受弯承载力研究［J］. 建筑材料学报，2020，23（04）：831-837.

［5］WANG J，HAN L，LIU Z，et al. Setting controlling of lithium slag-based geopolymer by activator and sodium tetraborate as a retarder and its effects on mortar properties［J］. Cement and Concrete Composites，2020，110：103598.

［6］LIU Z，WANG J，JIANG Q，et al. A green route to sustainable alkali-activated materials by heat and chemical activation of lithium slag［J］. Journal of Cleaner Production，2019，225：1184-1193.

［7］李保亮，尤南乔，朱国瑞，等. 蒸养条件下锂渣复合水泥的水化产物与力学性能［J］. 材料导报，2019，33（24）：4072-4077.

［8］吴福飞，董双快，宫经伟，等. 不同养护方式下锂渣反应程度和微观形貌［J］. 水利水运工程学报，2018（2）：104-111.

［9］HAJIMOHAMMADI A，VAN DEVENTER J S J. Dissolution behaviour of source materials for synthesis of geopolymer binders：A kinetic approach［J］. International Journal of Mineral Processing, 2016, 153：80-86.

［10］ CAO R, JIA Z, ZHANG Z, et al. Leaching kinetics and reactivity evaluation of ferronickel slag in alkaline conditions［J］. Cement and Concrete Research, 2020, 137：106202.

［11］曹瑞林，李保亮，贾子健，等．锂渣在碱-水热环境下的溶出特性和反应产物［J/OL］．建筑材料学报：1-13.［2022-07-11］. http：//kns. cnki. net/kcms/detail/31. 1764. TU. 20220307. 0904. 006. html.

［12］ LI C, LI Y, SUN H, et al. The composition of fly ash glass phase and its dissolution properties applying to geopolymeric materials［J］. Journal of the American Ceramic Society, 2011, 94（6）：1773-1778.

［13］张祖德．无机化学［M］.合肥：中国科学技术大学出版社，2008.

［14］ GARCIA-LODEIRO I, PALOMO A, FERNÁNDEZ-JIMÉNEZ A, et al. Compatibility studies between NASH and CASH gels：Study in the ternary diagram Na_2O-CaO-Al_2O_3-SiO_2-H_2O［J］. Cement and Concrete Research, 2011, 41（9）：923-931.

［15］杨南如．碱胶凝材料形成的物理化学基础：Ⅰ［J］.硅酸盐学报，1996，24（2）：209-215.

［16］杨南如．碱胶凝材料形成的物理化学基础：Ⅱ［J］.硅酸盐学报，1996，24（4）：459-465.

［17］郭丽萍，费香鹏，曹园章，等．氯离子与硫酸根离子在水化硅酸钙表面竞争吸附的分子动力学研究［J］.材料导报，2021，35（8）：8034-8041.

［18］ ZHANG Y, LI T, HOU D, et al. Insights on magnesium and sulfate ions' adsorption on the surface of sodium alumino-Silicate hydrate（NASH）gel：A molecular dynamics study［J］. Physical Chemistry Chemical Physics, 2018, 20（27）：18297-18310.

［19］ LECOMTE I, HENRIST C, LIÉGEOIS M, et al.（Micro）-structural comparison between geopolymers, alkali-activated slag cement and Portland cement［J］. Journal of the European Ceramic Society, 2006, 26（16）：3789-3797.

［20］ ZHANG Z, ZHU Y, YANG T, et al. Conversion of local industrial wastes into greener cement through geopolymer technology：A case study of high-magnesium nickel slag［J］. Journal of Cleaner Production, 2017, 141：463-471.

［21］ LODEIRO I G, MACPHEE D E, PALOMO A, et al. Effect of alkalis on fresh C-S-H gels. FTIR analysis［J］. Cement and Concrete Research, 2009, 39（3）：147-153.

［22］ YANG L, JIA Z, ZHANG Y, et al. Effects of nano-TiO_2 on strength, shrinkage and microstructure of alkali activated slag pastes［J］. Cement and Concrete Composites, 2015, 57：1-7.

［23］ CRIADO M, FERNÁNDEZ-JIMÉNEZ A, PALOMO A. Alkali activation of fly ash：Effect of the SiO_2/Na_2O ratio-Part Ⅰ：FTIR study［J］. Microporous and Mesoporous Materials, 2007, 106（1）：180-191.

［24］ZHANG Z, WANG H, PROVIS J L. Quantitative study of the reactivity of fly ash in geopolymerization by FTIR［J］. Journal of Sustainable Cement-based Materials, 2012, 1（4）: 154-166.

［25］CHEN D, HU X, SHI L, et al. Synthesis and characterization of zeolite X from lithium slag［J］. Applied Clay Science, 2012, 59: 148-151.

［26］ISMAIL I, BERNAL S A, PROVIS J L, et al. Modification of phase evolution in alkali-activated blast furnace slag by the incorporation of fly ash［J］. Cement and Concrete Composites, 2014, 45: 125-135.

［27］NASKAR M K, CHATTERJEE M. A novel process for the synthesis of lithium aluminum silicate powders from rice husk ash and other water-based precursor materials［J］. Materials Letters, 2005, 59（8/9）: 998-1003.

10 蒸养锂渣粉-水泥砂浆的水化产物与耐硫酸盐侵蚀性能

10.1 引言

锂渣粉中较多的 SiO_2 和 Al_2O_3 主要存在于锂辉石中,但锂渣粉中的锂辉石能否反应及其对水泥水化产物的力学性能有什么影响,目前还不清楚。据研究报道,早期 80℃蒸养可以加速矿物掺和料的水化并可提高其水化程度[1-2]。为此,本章首先介绍 80℃蒸养 7h、80℃蒸养 7d 和标养 28d 三种养护条件下锂渣粉的水化反应活性、水化产物组成及力学性能。需要说明的是,通常的养护条件下,连续蒸养 7d 并不现实,但研究该制度下的性能可以了解长期高温环境下该材料的性能。

环境中的 SO_4^{2-} 浓度[3-4]以及胶凝材料中的活性 Al_2O_3 含量[5-7]是影响混凝土耐硫酸盐侵蚀性能的重要因素。锂渣粉中有较高的石膏含量以及 Al_2O_3 含量,其对混凝土的耐硫酸侵蚀性能如何,目前还不清楚。虽然早期蒸养对混凝土耐硫酸盐侵蚀性能的影响很少报道,但是先前的研究[8]表明,蒸养条件下形成的水化硅铝酸钙 C-A-S-H 可以阻止复合水泥浆体中 Al_2O_3 受到硫酸盐的进一步侵蚀。然而,蒸养试样的粗糙孔隙同样使其容易受到硫酸盐的侵蚀。此外,当混凝土养护温度较高(>70℃)时,AFt 和 AFm 会变得不稳定并开始分解,取而代之的是,在长期硬化的蒸养混凝土中可能会出现延迟钙矾石(DEF),这会导致混凝土开裂。但是,有关锂渣粉对蒸养混凝土 DEF 的影响鲜有报道,同时,有关锂渣粉对蒸养混凝土耐硫酸盐侵蚀性能影响的研究也较少。为此,本章将 80℃蒸养 7h 和标准养护样品水养护至 28d,介绍纯水泥胶砂与掺锂渣粉水泥胶砂的耐硫酸侵蚀性能,包括干湿循环与半浸泡硫酸盐侵蚀性能,同时,为了厘清蒸养条件掺锂渣粉砂浆的耐硫酸盐侵蚀的机理,也介绍蒸养条件和标养条件下掺锂渣粉砂浆的长龄期水化产物与力学性能等。

10.2 水化产物

10.2.1 早龄期水化产物

1. 水化产物的种类

水泥砂浆各组分掺量与养护条件见表 10-1，同时根据表 10-1 制备了同水灰比水泥净浆。掺 20% 锂渣粉复合水泥浆体在蒸养 7h、蒸养 7d 和标准养护 28d 条件下的水化产物 XRD 图谱见图 10-1。锂渣中 $LiAlSi_2O_6$ 和 SiO_2（石英）相的活性均较低，在各种养护条件下均可见 $LiAlSi_2O_6$ 和 SiO_2（石英）的衍射峰，但是在蒸养 7d 条件下 $LiAlSi_2O_6$ 的衍射峰非常弱，特别是 $2\theta=24.0°$ 处的衍射峰已经接近消失，说明长期蒸养促进了 $LiAlSi_2O_6$ 的反应，这与 Chen 等的研究[9]（在 NaOH 与锂渣质量比为 1.5 条件下，在 600℃ 熔融 4h 以制备分子筛）一致。锂渣粉中 $LiAlSi_2O_6$ 具有类沸石结构，结构上类似 β-$LiAlSi_2O_6$[10]。Chan 等研究发现，尽管沸石主要以晶体相存在，但是其火山灰活性高于主要以无定形相存在的火山灰材料如粉煤灰，但低于硅灰[11]。

表 10-1 水泥砂浆配合比（份）与养护条件

样品		水泥	掺合料	水	标准砂	养护条件
Ref	C7h-M	100	0	50	300	80℃ 蒸汽养护 7h
	C7d-M	100	0	50	300	80℃ 蒸汽养护 7d
	C-M	100	0	50	300	标准养护
L20	L7h-M	80	20	50	300	80℃ 蒸汽养护 7h
	L7d-M	80	20	50	300	80℃ 蒸汽养护 7d
	L-M	80	20	50	300	标准养护

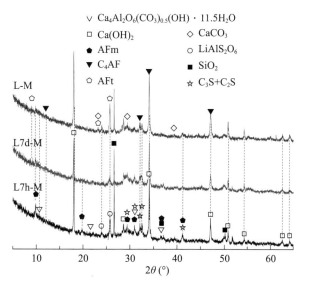

图 10-1 不同养护条件下锂渣粉复合水泥净浆的 XRD 图谱

蒸养 7h 条件下，锂渣粉复合水泥的水化产物与纯水泥基本相同。而在蒸养 7d 条件下，掺锂渣粉不利于水化石榴石的形成。Jappy 等[12]指出，水化石榴石一般以 C_3AH_6 的形式存在，但是由于水泥中含有 Si，以及富 Si 和富 Al 相矿物掺和料的使用，使混合水泥体系中 Ca/Al 和 Ca/Si 降低，而水化石榴石四面体结构中的 $4H^+$ 可以被 Si^{4+} 取代，因此，水化石榴石的化学式通常介于 $C_3AH_6 \sim C_3AS_3$ 之间，而 Si^{4+} 同样可以取代一些八面体结构中的 Al^{3+}。Ding 等[13]通过研究高铝水泥-沸石体系中 C_2ASH_8 的形成机理发现，在高铝水泥-沸石体系中会优先形成 C_2ASH_8 而非 C_3AH_6，同时，碱金属离子的存在可以加速硅灰等活性硅的溶解，从而进一步促进 C_2ASH_8 的形成。而长期蒸养（蒸养 7d）可以促进锂渣粉中锂辉石的反应，使锂渣粉复合水泥中 Ca/Al 和 Ca/Si 大幅降低，同时，锂渣粉中存在碱金属盐（K 盐），同样可以加速锂辉石中 Si 的溶解，这可使 C_2ASH_8 等相优先形成，而降低水化石榴石的形成量。另外，Black 等[14]研究指出，在无石膏存在条件下，C_3A 的水化产物主要为 C_3AH_6，而在有石膏存在的条件下，C_3A 的水化产物主要为 AFt 和 AFm，掺锂渣粉无疑增加了水泥中的石膏含量，使蒸养 7d 条件下锂渣粉复合水泥中除了形成 AFm 外，还有 AFt 形成（图 10-1）。由于水化石榴石胶凝能力较差[15]，以及其形成会造成较多的孔隙产生[16]，因此长期蒸养条件下水化石榴石的形成不利于混凝土强度的发展，而掺锂渣粉有助于降低水化石榴石的产生。锂渣粉中较高的石膏含量是否会引起蒸养混凝土中延迟钙矾石的形成，需要进一步的研究。

与纯水泥浆体不同，标养 28d 锂渣粉复合水泥浆体中有 $CaCO_3$ 形成，这与锂渣含有碳酸盐有关，锂渣中的碳酸盐或反应形成的碳酸钙可以和水泥水化产物进一步反应形成半碳水化碳铝酸盐（图 10-1）等产物。

2. 水化产物的形貌与组成

掺 20% 锂渣粉复合水泥在蒸养 7h 条件下的水化产物见图 10-2。水化产物主要为网状 C-S-H 凝胶［图 10-2（a）］，同时可见有未反应的层状 $LiAlSi_2O_6$［图 10-2（b）］。

图 10-2（a）中区域 1 的 EDS 能谱显示（表 10-2），锂渣粉复合水泥 C-S-H 凝胶的 Ca/Si 较低，为 1.41，说明此时锂渣粉复合水泥水化程度较高，这是由于锂渣粉中较多石膏[17]及部分碳酸盐[18]的存在可以加速锂渣复合水泥的早期水化，同时，较高的水化程度可能是锂渣粉复合水泥在早期蒸养 7h 条件下形成网状 C-S-H 的原因。

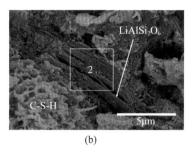

(a) (b)

图 10-2 锂渣粉复合水泥浆体在蒸养 7h 条件下的水化产物

(a) 网状 C-S-H；(b) 层状 LiAlSi$_2$O$_6$

表 10-2 图 10-2 ~ 图 10-4 中水化产物的元素组成 %

样品	O	Si	Ca	Al	K	Fe	S	Mg
1	55.00	16.96	23.97	2.21	0.98	0.88	—	—
2	55.07	8.37	24.50	7.00	0.60	0.79	2.81	0.86
3	65.52	11.31	19.50	1.73	0.42	0.47	0.50	0.55
4	59.95	12.29	19.70	4.38	0.64	0.85	1.26	0.93

图 10-2 (b) 中区域 2 的 EDS 能谱显示（表 10-2），Al 和 Si 含量较高，同时结合其层状沸石结构[19]，可以判断其为 LiAlSi$_2$O$_6$。而区域 2 的 EDS 能谱中较高的 Ca 含量可能跟 CH 沉积在 LiAlSi$_2$O$_6$ 表面有关。LiAlSi$_2$O$_6$ 的层状沸石结构赋予其良好的一价阳离子（交换 H$_3$O$^+$）交换功能、分子筛功能与较大的比表面积[20]。而层状沸石作为掺和料应用到混凝土后，可以提高混凝土耐硫酸盐侵蚀等耐久性[21]，这是否与沸石具有良好的离子交换功能有关（例如：在硫酸盐侵蚀条件下，锂辉石层状结构中的 H$_3$O$^+$ 与硫酸盐溶液中 Na$^+$ 的离子交换能否发生，并从而降低混凝土中硫酸盐的结晶压力），需要进一步研究。

锂渣粉复合水泥浆体中网状 C-S-H 凝胶 [图 10-2 (a)]，以及锂渣粉中活性较低的锂辉石等相在水化早期可以起到填料与减少孔洞的作用 [图 10-2 (b)]，从而有利于其强度发展。

掺 20% 锂渣粉复合水泥在蒸养 7d 条件下的水化产物见图 10-3。蒸养 7d 条件下锂渣复合水泥中的水化产物除了有 CH，主要为网状 C-S-H 凝胶 [图 10-3 (a)]、立方体 CaCO$_3$ [图 10-3 (b)] 及未反应的层状 LiAlSi$_2$O$_6$ [图 10-3 (c)]。表 10-2 显示，图 10-3 (a) 中 C-S-H 凝胶的 Ca/Si 为 1.72。CaCO$_3$ 的形成与锂渣粉中碳酸盐的存在有关。

标养 28d 掺 20% 锂渣复合水泥的水化产物见图 10-4。锂渣复合水泥浆体的断面有较多的纤维状 AFt [图 10-4 (a) 和图 10-4 (b)]、球形粒子状 C-S-H 凝胶 [图 10-4 (a) 和图 10-4 (b)]、立方体 CaCO$_3$ [图 10-4 (c)]、网状 C-S-H [图 10-4 (d)] 及未反应层状 LiAlSi$_2$O$_6$

［图 10-4（d）］。表 10-2 显示，图 10-4（b）中 C-S-H 凝胶的 Ca/Si 为 1.60，并且掺杂有较多 Al、S、Mg、Fe 等元素。较低的 Ca/Si 以及掺杂离子（Al 等）的存在可能是锂渣粉中 C-S-H 凝胶为球形粒子状形貌的主要原因[22]。图 10-4（d）中层状 LiAlSi$_2$O$_6$ 上生长有 AFt，也说明锂渣粉中锂辉石可以缓慢地参与反应。另外，锂渣复合水泥浆体断面上有较多的 AFt，且随着养护龄期增加而增加。由于锂渣火山灰反应消耗 CH 而生成 C-S-H 凝胶，会进一步改善锂渣粉复合水泥浆体的孔结构，并提高其耐久性。

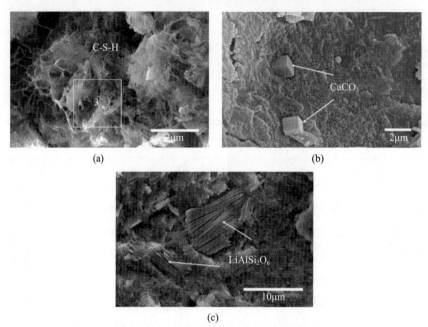

图 10-3　锂渣粉复合水泥浆体在蒸养 7d 条件下的水化产物

图 10-4　锂渣粉复合水泥浆体在标养 28d 条件下的水化产物

3. 水化产物量

纯水泥与锂渣复合水泥浆体在不同养护条件下的 TG/DTG 曲线如图 6-8（a）和图 10-5 所示。在蒸养 7h 和标养 28d 条件下，纯水泥与锂渣复合水泥的水化产物基本相同；在蒸养 7d 条件下，纯水泥浆体在 300~390°C 之间的失重更为显著，此区间的失重主要为水化石榴石失水分解所致，而蒸养 7d 锂渣粉复合水泥浆体在此温度区间的失重较小，与蒸养 7h 和标养 28d 锂渣粉复合水泥浆体在此温度区间的 DTG 曲线较为相似，说明蒸养 7d 不利于锂渣粉复合水泥浆体中水化石榴石的形成，这与前述 XRD 与 SEM 测试结果一致。

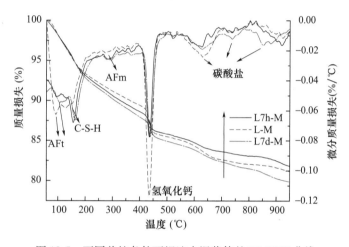

图 10-5　不同养护条件下锂渣水泥浆体的 TG/DTG 曲线

利用各样品在 1000°C 的失重百分数及水泥和锂渣粉的烧失量，计算各样品的化学结合水量，同时把 390~500°C 之间的失重换算成 CH 含量，计算小于 390°C 时水泥浆体的质量损失，结果见表 10-3。纯水泥和锂渣粉复合水泥浆体在蒸养 7h 时化学结合水均最少，而在蒸养 7d 时化学结合水最多，说明纯水泥和锂渣粉复合水泥在蒸养 7d 条件下的水化程度要高于标养 28d。由于掺锂渣粉相当于提高纯水泥水化的水灰比，且锂渣粉较细的颗粒可对水泥水化起到晶核作用，同时，蒸养条件下，锂渣中的硫酸盐以及碳酸盐也可以促进水泥的水化，因此，在短龄期内（早期蒸养 7h），锂渣粉复合水泥小于 390°C 的化学结合水量高于纯水泥，达到纯水泥浆体的 123.59%；在蒸养 7d 条件下，此数值为 114.66%。但是由于锂渣粉中的玻璃体含量较少及锂辉石活性较小，在标养 28d 条件下，锂渣复合水泥浆体小于 390°C 的化学结合水含量比纯水泥浆体低，但是也达到纯水泥浆体的 94.38%。

由表 10-3 可见，锂渣粉复合水泥浆体在蒸养 7h、蒸养 7d 和标养 28d 时的 CH 含量分别为同条件下纯水泥浆体的 63.34%、48.15%［远低于锂渣复合水泥中水泥的含量（80%）] 和 84.00%，说明蒸养条件特别是蒸养 7d 促进了锂渣粉的火山灰反应，消耗了更多的 CH。

表 10-3　纯水泥与锂渣复合水泥浆体的质量损失、
化学结合水量及 CH 含量　　　　　　　　　%

	样品	质量损失	<390℃质量损失	化学结合水量	CH 含量
Ref	C7h-M	18.43	9.07	20.13	19.34
	C7d-M	20.75	10.37	23.72	24.07
	C-M	20.73	11.03	23.69	20.00
L20	L7h-M	18.37	11.21	19.34	12.25
	L7d-M	20.38	11.89	22.44	11.59
	L-M	19.04	10.41	20.36	16.80

10.2.2　长龄期水化产物

为了探讨锂渣粉中含量较高的 SO_3 和 Al_2O_3 对水化产物的影响，以及水化产物对水泥胶砂耐硫酸盐侵蚀性能的影响，采用 XRD 和 TG/DTG 分析标养锂渣水泥与蒸养锂渣水泥净浆（80℃蒸养 7h）的 28～720d 长龄期水化产物，结果如图 10-6～图 10-8 所示。在 90～360d 的标养锂渣粉水泥净浆中发现了延迟钙矾石，如图 10-6 所示。然而，在 28～90d 蒸养锂渣粉水泥净浆中生成较少的钙矾石、较多的 AFm，并且没有延迟钙矾石产生，如图 10-6 所示。

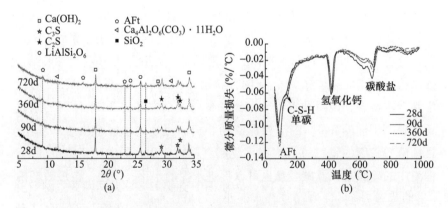

图 10-6　不同龄期标养锂渣粉水泥净浆的水化产物 XRD 图谱与 DTG 曲线

(a) XRD 图谱；(b) DTG 曲线

Ramlochan 等[23]、Nguyen 等[24] 和 Amine 等[25] 早期的研究工作表明：偏高岭土、矿渣与天然火山灰可以抑制蒸养混凝土中延迟钙矾石的产生。主要原因如下：（1）矿物掺和料中活性 Al_2O_3 含量较高，从而降低了复合水泥体系中的 SO_3/Al_2O_3；（2）由于矿物掺和料的火山灰效应，降低了水泥浆体中的 CH 含量，从而降低了孔溶液中的碱度，这会影响钙矾石的溶解度，从而降低钙矾石的形成量；（3）掺矿物掺和料可以改善混凝土的孔结构，降低其渗透性，从而降低孔溶液中碱的溶出率。Famy 等[26]报道，当孔溶液中碱的溶出速率降低时，SO_3 倾向于停留在 C-S-H 中，从而可以抑制或消除延迟钙矾石的产生。因此，可以推测蒸汽养护提高了锂渣粉中 Al_2O_3 的反应活性，降低了 SO_3/活性 Al_2O_3 的比值，从而导致蒸养锂渣粉水泥胶砂中钙矾石生成量较少。因此，早期蒸养可以有效降低锂渣粉基复合胶凝材料中延迟钙矾石的形成风险。

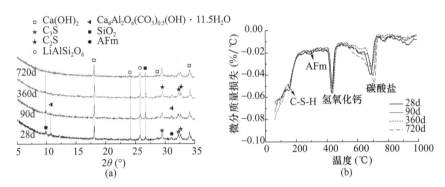

图 10-7　不同龄期蒸养锂渣粉水泥净浆的水化产物 XRD 图谱与 DTG 曲线

（a）XRD 图谱；（b）DTG 曲线

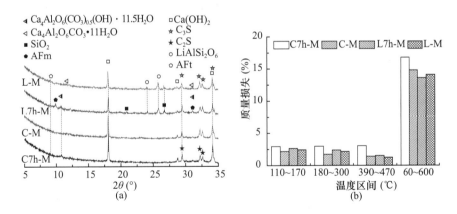

图 10-8　28d 水泥净浆的水化产物 XRD 图谱与 TG 曲线中特定温度阶段的质量损失

（a）XRD 图谱；（b）TG 曲线中特定温度阶段的质量损失

另外，锂渣粉中石英和锂辉石的活性非常低，尤其是 720d 蒸养锂渣粉水泥中仍可见显著的石英和锂辉石衍射峰，见图 10-7（a）。类似 β-LiAlSi$_2$O$_6$，锂渣粉中锂辉石具有类沸石结构，常温下活性较低[10-11]。Chen 等指出，锂渣粉在 600℃碱熔 4h 条件下可用于制备 X 分子筛[9]。此外，笔者之前的研究发现：标养 28d 锂渣粉水泥浆体中锂辉石的表面上生长有钙矾石，并且 80℃蒸养 7d 可以加速锂辉石的反应[27]。因此，

80℃高温养护可以提高锂辉石的活性，锂辉石的活性使其释放活性 Al，从而降低蒸养锂渣粉水泥净浆中 SO_3/Al_2O_3 的比例。

由于锂渣粉中碳酸盐和水泥中碳酸钙的存在，所有龄期标养锂渣粉水泥浆体中均生成单碳水化碳铝酸盐 $[Ca_4Al_2O_6(CO_3) \cdot 11H_2O]$，而 28d 蒸养锂渣粉水泥浆体中生成半碳水化碳铝酸盐 $[Ca_4Al_2O_6(CO_3)_{0.5} (OH) \cdot 11.5H_2O]$。Lothenbach 等[28]指出，高温养护不利于单碳水化碳铝酸盐的形成，但原因尚不清楚。在正常养护条件下，Lothenbach 等还发现，掺4%（质量分数）石灰石后，水化 2d 的水泥浆体中出现半碳水化碳铝酸盐，而单碳水化碳铝酸盐出现在第 7 天，且单碳水化碳铝酸盐的衍射峰峰值强度随时间的增加而增强[29]。尽管单碳水化碳铝酸盐可以与外来硫酸根离子反应生成二次钙矾石，但是单碳水化碳铝酸盐相比 AFm 更加稳定[30]。单碳水化碳铝酸盐不但可以将较高含量的 SO_3 和 Al_2O_3 稳定在钙矾石中，而且在相同水化程度下，提高了硬化水泥浆体的固相体积，从而使水泥浆体更密实[31-32]。尽管单碳水化碳铝酸盐的含量有限（XRD/Rietveld 测试发现：单碳水化碳铝酸盐在 28～720d 标养锂渣粉水泥浆体中含量约为5%），但是单碳水化碳铝酸盐的上述性能仍有助于提高水泥基材料的耐硫酸盐侵蚀性能。

在 90～720d 时，由于半碳水化碳铝酸盐向单碳水化碳铝酸盐的转化[33]，半碳水化碳铝酸盐似乎已经消失。然而，由于单碳水化碳铝酸盐的形成量非常有限，以致 XRD 检测不到存在。AFm 在硫酸盐侵蚀条件下可以直接生成钙矾石，而 Kakali 等[34]指出半碳水化碳铝酸盐的存在可以延缓 AFm 的形成，从而可以减少 AFm 的形成量。

此外，如图 10-6（b）和图 10-7（b）所示，水泥胶砂中发现较多的碳酸盐，这部分碳酸盐可能部分来源于样品在制备和存储过程中发生的碳化、锂渣粉中碳酸盐和水泥水化产物 CH 的反应，以及锂渣粉中未反应的碳酸盐和水泥中未反应的石灰石粉。

图 10-8 为不同水泥净浆水化 28d 的水化产物 XRD 图谱与 TG 曲线中特定温度阶段的质量损失，表 10-4 总结了水化产物在具体温度条件下发生的反应[35]。在特定的温度范围内，水泥浆体的质量损失越大，相应的水化产物含量越多。钙矾石在早期高温蒸汽养护条件不稳定[36]，发生了分解［图 10-7（b）］，因此在蒸养水泥浆体中，110～170℃之间的反应主要与水化碳铝酸盐的失水分解有关。因此，28d 蒸养水泥净浆的水化碳铝酸盐（半碳）和 C-S-H 含量高于同龄期的标养水泥净浆，如图 10-8（b）所示。半碳水化碳铝酸盐的存在可以减少复合水泥浆体中活性氧化铝的含量，避免其在 CH 存在条件下与 SO_4^{2-} 反应生成膨胀性水化产物钙矾石。因此，除了更多的 C-S-H，半碳水化产物的形成也可以有

效地改善硫酸盐侵蚀条件下混凝土的性能。

表 10-4　特定温度范围内水化产物发生的反应[35]

温度区间	主要反应
110～170℃	钙矾石、单碳、半碳水化碳铝酸盐的失水
180～300℃	C-S-H 凝胶以及水化碳铝酸盐的失水
390～470℃	氢氧化钙分解

在硫酸盐侵蚀条件下，CH 是最容易受到硫酸盐侵蚀的水化产物[37]，因此，通过 TG 曲线中 390～470℃ 的质量损失来测试 CH 的含量是判断混凝土耐硫酸盐侵蚀性能的重要指标之一。经过 28d 的水化，由于锂渣粉的火山灰反应，掺锂渣粉均可以降低纯水泥浆体中 CH 的含量。然而，早期蒸养加速了纯水泥的水化，导致蒸养水泥净浆中生成大量的 CH（蒸养纯水泥净浆中的 CH 较标养纯水泥净浆中的多，蒸养锂渣水泥净浆同样如此）。值得注意的是，在样品的制备、储存过程中，CH 含量容易受到溶出、碳化［图 10-6（b）和图 10-7（b）］以及其他因素的影响。

TG 曲线中 60～600℃ 温度区间的质量损失与硬化水泥浆体的化学结合水有关，可以反映硬化水泥浆体的水化程度[38]［图 10-8（b）］，蒸养提高了纯水泥的水化程度，但降低了 28d 锂渣粉水泥的水化程度。锂渣粉中大量石膏和碳酸盐的存在，加速了水泥在蒸养阶段的水化，以致在水泥颗粒表面形成了致密的壳[39-40]，这些壳抑制了孔溶液中离子的扩散，从而限制了水泥的进一步水化。

10.3　孔结构

混凝土的耐硫酸盐侵蚀性能一般从养护 28d 后开始，而混凝土的孔结构是影响混凝土耐久性的一个重要因素，因此，在与砂浆同水灰比条件下制备了 28d 水泥净浆，并测试了其孔结构，结果如图 10-9 所示。本研究将水泥浆体中的孔分为凝胶孔（小于 10nm）、毛细孔（10nm～10μm）以及气孔（>10μm）。

正如预期的那样，早期蒸养同时提高了水泥浆体中的凝胶孔体积（对应于 C-S-H 凝胶含量）和总孔体积，然而，由于石膏和碳酸盐的存在，相比于纯水泥净浆，锂渣粉水泥净浆对高温的敏感性更高。

标养条件下，掺锂渣粉可以降低纯水泥浆体的孔隙率和毛细孔含量。He 等[41]指出，与水泥颗粒相比，锂渣粉的颗粒尺寸更小，可以填充水泥浆体中的大孔。另外，锂渣粉的火山灰反应以及锂渣粉中石膏、碳酸盐的复合作用可以促进二次 C-S-H 凝胶和钙矾石的产生，从而可以填充水泥浆体中的大孔，降低标养水泥的孔隙率。然而，早期蒸养提高了锂渣粉水泥净浆的孔隙率，但是由于石膏和碳酸盐的存在，加速了水泥水化，从而形成了更多的凝胶孔和较少的毛细孔。

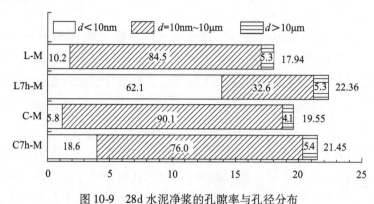

图 10-9 28d 水泥净浆的孔隙率与孔径分布

注：横柱内数据为孔径分布百分比，横柱外数据为孔隙率。

10.4 力学性能

10.4.1 早期力学性能

锂渣粉复合水泥砂浆在早龄期各养护条件下的强度如图 10-10 所示。锂渣粉复合水泥砂浆在蒸养 7h 和蒸养 7d 条件下的抗压强度比纯水泥砂浆发展快，而标养 28d 条件下的抗压强度比纯水泥砂浆发展慢，其在各养护条件下的活性指数（锂渣粉复合水泥砂浆强度与纯水泥砂浆强度之比）分别是 102.70%、109.64% 和 91.17%。尽管在蒸养条件下，锂渣粉复合水泥的结合水含量略低于纯水泥（表 10-3），但是锂渣粉中惰性成分锂辉石和石英在水泥水化过程中还可以起到填充水泥孔隙的作用，从而改善蒸养条件下纯水泥的孔结构（图 10-2 和图 10-3）。蒸养时间从 7h 延长至 7d，纯水泥和锂渣粉复合水泥砂浆抗压强度的增加幅度分别为 85.81% 和 98.36%，锂渣粉复合水泥砂浆的强度增幅比纯水泥砂浆高，说明锂渣复合水泥更适于早期长时间蒸养。

锂渣粉复合水泥砂浆在蒸养 7h、蒸养 7d 以及标养 28d 的抗折强度均比纯水泥砂浆高，其抗折强度活性指数分别为 114.06%、158.33% 和 102.27%，蒸养同样有利于提升锂渣粉复合水泥的抗折强度活性指数，这也主要是锂渣粉中石膏、碳酸盐的存在及锂渣粉的火山灰作用所致。蒸养时间从 7h 延长至 7d，纯水泥和锂渣粉复合水泥砂浆抗折强度的增加幅度分别为 12.50% 和 56.16%，锂渣粉复合水泥强度的增加幅度同样比纯水泥砂浆显著。

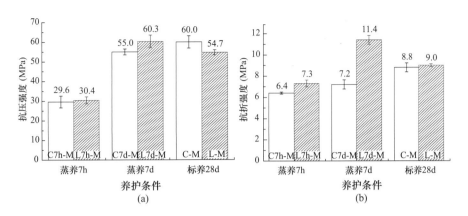

图 10-10　水泥砂浆的抗压强度与抗折强度

（a）抗压强度；（b）抗折强度

另外，锂渣粉复合水泥砂浆蒸养 7d 的抗压强度是其标准养护 28d 强度的 110.23%，这与蒸养 7d 条件下锂渣粉复合水泥具有较高的化学结合水量有关（表 10-3）。尽管蒸养 7d 条件下纯水泥浆体的化学结合水量较高（表 10-3），但是由于裂缝的存在，纯水泥砂浆在蒸养 7d 时的抗压强度低于其标养 28d 时的强度。

10.4.2　长期力学性能

图 10-11 为 28d 和 720d 龄期标养和蒸养水泥胶砂的抗压强度和抗折强度。水化 28d，标养锂渣粉水泥胶砂 L-M 的抗压强度仅为纯水泥胶砂 C-M 的 91.17%，而在 720d 时达到 107.69%，说明锂渣粉具有较高的后期火山灰活性。但蒸养锂渣粉水泥胶砂 L7h-M 的抗压强度略低于蒸养纯水泥胶砂 C7h-M，在 28d 和 720d 时仅达到 C7h-M 的 90.00% 左右，说明掺锂渣粉不利于蒸养水泥胶砂后期强度的发展。这与蒸养锂渣粉水泥胶砂相对较低的水化程度（图 10-8）以及相对较高的孔隙率（图 10-9）有关。

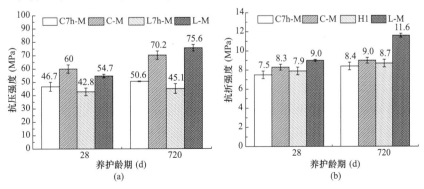

图 10-11　水泥砂浆的长龄期抗压强度和抗折强度

（a）抗压强度；（b）抗折强度

然而，在早期标养或早期蒸养条件下，掺锂渣粉均可以提高各龄期水泥胶砂的抗折强度。锂渣粉中较高的 SO_3 含量有助于水泥胶砂形成更多的钙矾石，从而有助于提高水泥胶砂的抗折强度。此外，锂渣粉的火山灰反应可以消耗界面过渡区的 CH，这也可以提高锂渣粉水泥胶砂的抗折强度[42]。

10.5　耐硫酸盐侵蚀性能

10.5.1　干湿循环下的耐硫酸盐侵蚀性能

1. 干湿循环-硫酸盐侵蚀后水泥胶砂的外观

图 10-12 为干湿循环-硫酸盐侵蚀后水泥胶砂的外观。如图 10-12（a）所示，150 次循环后标养锂渣粉水泥胶砂出现了严重开裂、表层剥落且试件断裂，由断裂截面可以看出胶砂内部有明显的裂缝产生；而蒸养锂渣粉水泥胶砂的破坏情况则相对较轻。150 次干湿循环后所有纯水泥胶砂依然没有明显破坏，此时，终止所有锂渣粉水泥胶砂的干湿循环-硫酸盐侵蚀试验。210 次循环后，标养纯水泥胶砂表面已经出现掉角现象，而蒸养纯水泥胶砂表层剥离现象更为严重，如图 10-12（b）所示。210 次干湿循环-硫酸盐侵蚀后所有干湿循环试验终止。

图 10-12　干湿循环-硫酸盐侵蚀后水泥胶砂的外观
（a）150 次循环；（b）210 次循环

2. 干湿循环-硫酸盐侵蚀后胶砂强度损失

图 10-13 为干湿循环-硫酸盐侵蚀后水泥胶砂的残余强度和强度损失率。150 次干湿循环-硫酸盐侵蚀后，纯水泥胶砂相对锂渣粉水泥胶砂具有更高的强度，尤其是标养锂渣粉水泥胶砂已经没有了抗折强度，说明标养锂渣粉水泥胶砂已经完全破坏，但是蒸养锂渣粉水泥胶砂有较高的抗压强度，为 24.8MPa，比标养锂渣粉水泥胶砂高得多，说明蒸养有利于提高锂渣粉水泥胶砂的抗硫酸盐侵蚀性能。210 次循环后，标养纯水

泥胶砂较蒸养纯胶砂具有更高的强度。

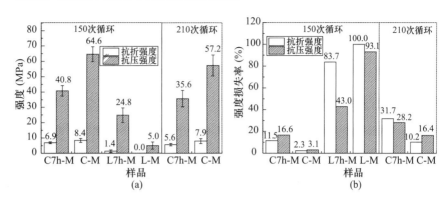

图 10-13 干湿循环-硫酸盐侵蚀后水泥胶砂的残余强度与强度损失率

(a) 残余强度；(b) 强度损失率

考虑到各水泥胶砂硫酸盐侵蚀前的强度不同（图 10-11 中的 28d 强度），图 10-13（b）列出干湿循环-硫酸盐侵蚀后水泥胶砂的强度损失率。可见，无论是早期标养还是早期蒸养，锂渣粉水泥胶砂的强度损失率远高于纯水泥胶砂，其中标养锂渣粉水泥胶砂的抗压强度和抗折强度损失率分别为 93.1% 和 100.0%，而蒸养锂渣水泥胶砂的强度损失率分别为 43.0% 和 83.7%。但是，210 次干湿循环后，蒸养纯水泥胶砂的强度损失率高于标养纯水泥胶砂。这些结果说明：早期蒸养有助于提高锂渣粉水泥胶砂的抗干湿循环-硫酸盐侵蚀性能，但是不利于纯水泥胶砂的抗干湿循环-硫酸盐侵蚀性能。因此，根据抗压强度损失率，水泥胶砂耐干湿循环-硫酸盐侵蚀能力的顺序为 C-M > C7h-M > L7h-M > L-M。

3. 干湿循环-硫酸盐侵蚀后水泥胶砂中的物相

当混凝土暴露于硫酸盐环境中时，有害的硫酸根离子可以通过毛细管渗透到混凝土中并不断积累，待硫酸盐溶液达到过饱和后，会出现盐结晶或盐风化并产生膨胀，从而导致混凝土开裂，这是物理硫酸盐侵蚀[43-45]。此外，硫酸盐离子还可与复合水泥中的组分（未水化 C_3A、AFm、矿物掺和料中的活性氧化铝与 CH 等）发生反应，产生膨胀水化产物，如钙矾石、石膏等。再有，在低温条件下，硫酸根离子还可与石灰石或其他矿物掺和料中的碳酸盐发生反应，在混凝土中形成碳硫硅钙石。硫酸盐侵蚀过程中，这些复杂的化学反应为化学硫酸盐侵蚀，在化学侵蚀过程中混凝土会发生剥落、开裂、软化和强度损失[43-45]。

为了研究锂渣粉水泥胶砂在干湿循环-硫酸盐侵蚀条件下的失效机制，测试了干湿循环-硫酸盐侵蚀后水泥胶砂的 XRD 图谱，其结果见图 10-14。其中锂渣粉水泥砂浆为 150 次干湿循环，纯水泥胶砂为 210 次干湿循环。干湿循环-硫酸盐侵蚀后，水泥胶砂中的物相主要为石英、氢氧化钙、碳酸钙、硫酸钠、长石和钙矾石，说明干湿循环-硫酸盐侵蚀条件下，水泥胶砂同时遭受到物理和化学硫酸盐侵蚀。

硫酸盐侵蚀后纯水泥胶砂与锂渣水泥胶砂腐蚀产物的不同之处在于：（1）纯水泥胶砂中仍然可见 CH 的衍射峰，而锂渣粉水泥胶砂的 CH 衍射峰并不明显。其原因在于干湿循环-硫酸盐侵蚀条件提供的高温高湿环境加速了锂渣粉的火山灰反应，消耗了更多的 CH；另外，与锂渣粉水泥胶砂在干湿循环-硫酸盐侵蚀条件下经历了更严重的破坏有关，此时锂渣粉水泥胶砂中的 CH 已经溶出或被碳化。（2）蒸养锂渣粉水泥胶砂和标养锂渣粉水泥胶砂中碳酸钙的衍射峰远高于纯水泥胶砂，这同样与锂渣水泥胶砂在干湿循环-硫酸盐侵蚀条件下遭受了更严重的破坏并发生了严重的碳化有关，另一个原因是，锂渣中含有较多碳酸盐，这些碳酸盐与水泥水化产物 CH 反应生成了碳酸钙。

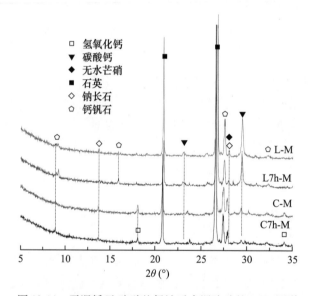

图 10-14　干湿循环-硫酸盐侵蚀后水泥胶砂的 XRD 图谱

值得注意的是，蒸养锂渣粉水泥胶砂和标养锂渣粉水泥胶砂中钙矾石的主要衍射峰（$d = 0.972nm$，$2\theta = 8.9°$）明显右移。这可能与锂渣粉水泥胶砂遭受更严重的碳化有关。另外，蒸养锂渣粉水泥胶砂和标养锂渣粉水泥胶砂中较多的碳酸盐在干湿循环-硫酸盐侵蚀条件下也可参与钙矾石的形成，从而改变钙矾石的结构。

锂渣粉水泥胶砂的硫酸盐腐蚀产物主要为钙矾石而非石膏，并且钙矾石的形成量似乎多于纯水泥胶砂。然而，由前述分析可知，锂渣粉中活性氧化铝的含量比较低，且锂渣粉中氧化铝含量主要存在于锂辉石中，因此可推断，锂渣中锂辉石在干湿循环-硫酸盐侵蚀条件下参与了反应。图 10-14 中未见锂辉石的衍射峰以及上述分析，均可证明这一结论。高温条件下锂辉石释放出大量的铝，在硫酸盐侵蚀条件下与 CH 反应形成大量的钙矾石，从而造成水泥胶砂过早破坏。然而，常温条件下，锂渣中锂辉石的活性较低，因此采用干湿循环评价锂渣粉水泥胶砂的耐硫酸盐侵蚀性能并不适宜。

为了进一步确认干湿循环-硫酸盐侵蚀条件下锂渣粉水泥胶砂的破坏机理，图 10-15 列出干湿循环-硫酸盐侵蚀后水泥胶砂中腐蚀产物的 SEM-EDS 结果。各种水泥胶砂中钙矾石的形貌没有差别，均为针棒状。值得注意的是，蒸养和标养纯水泥胶砂的钙矾石尺寸为 $5 \sim 10\mu m$，而蒸养和标养锂渣粉水泥胶砂中的钙矾石尺寸为 $10 \sim 20\mu m$，因此从钙矾石的尺寸也可以判断，掺锂渣粉不利于水泥胶砂的抗干湿循环-硫酸盐侵蚀性能。另外，从 EDS 结果可知，标养锂渣粉水泥胶砂中的钙矾石已经严重碳化，这与上述 XRD 分析结果一致。

图 10-15　钙矾石的形貌

（a）210 次干湿循环后的 C7h-M；（b）210 次干湿循环后的 C-M；（c）150 次干湿循环后的 L7h-M；
（d）150 次干湿循环后的 L-M；（e）为（d）中区域 1 的 EDS 结果

因此，干湿循环-硫酸盐侵蚀条件下，锂渣粉水泥胶砂（包括蒸养与标养）较纯水泥胶砂耐硫酸盐侵蚀性能差与锂渣中具有较高的 Al_2O_3 有关，且高温可以加速锂辉石的反应，使锂渣粉中较高含量的 Al_2O_3 均可以与 CH 及硫酸盐反应，形成更多的 AFt，从而造成锂渣粉水泥胶砂更早破坏。而早期蒸养锂渣粉水泥胶砂较早期标养锂渣粉水泥胶砂具有更高的耐干湿循环-硫酸盐侵蚀性能则主要与 C-A-S-H 的形成、更多的 C-S-H 凝胶及半碳水化碳铝酸盐的形成有关。

10.5.2 半浸泡条件下的耐硫酸盐侵蚀性能

1. 硫酸盐侵蚀后砂浆的外观

采用半浸泡方法评价硫酸盐侵蚀条件下水泥胶砂的性能，每两个月对水泥胶砂的外观进行一次检查和拍照。硫酸盐侵蚀两年后水泥胶砂的典型形貌如图 10-16 所示。首先，可以清楚地看到，水泥胶砂浸泡区的破坏程度比上部干燥区更严重，这与浸泡区砂浆可以直接与硫酸盐溶液反应生成膨胀产物有关。

经过两年的半浸泡硫酸盐侵蚀，标养纯水泥胶砂已开始出现开裂和剥落，但标养锂渣粉水泥胶砂完好无损，未见明显退化。蒸养水泥胶砂的情况也是如此。这些结果表明，无论初始养护条件如何，在半浸泡硫酸盐侵蚀过程中，锂渣粉的存在都能改善水泥胶砂的耐硫酸盐侵蚀性能。在初始标准养护条件下，L-M 具有比 C-M 更致密的孔隙结构（图 10-9），伴随着火山灰反应持续进行，掺锂渣粉可以增强后期 L-M 的强度（图 10-11）。另外，锂辉石的层状结构以及 H_3O^+ 的出现赋予锂辉石良好的一价阳离子交换功能，这似乎有助于提高混凝土的耐硫酸盐侵蚀性能[46]。虽然掺锂渣不能改善蒸养纯水泥胶砂的孔结构，却大大增大凝胶孔的比例，显著降低毛细管孔的比例。此外，除上述提到的 $LiAlSi_2O_6$ 的作用外，锂渣粉的火山灰作用还降低水泥胶砂中的 CH 含量（图 10-8）。因此，蒸养锂渣粉水泥胶砂比蒸养纯水泥胶砂具有更好的抗硫酸盐性能。

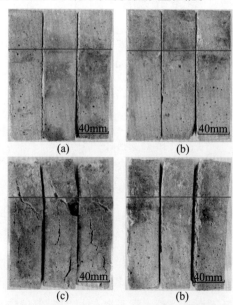

图 10-16　两年时间半浸泡硫酸盐侵蚀后水泥胶砂的照片

（a）C-M；（b）L-M；（c）C7h-M；（d）L7h-M

注：直线代表浸泡高度。

　　由图 10-16 可见，早期蒸养试件的破坏程度明显高于标准养护。蒸养纯水泥胶砂的损伤程度比标养纯水泥胶砂严重得多，但掺锂渣粉可以延缓这种破坏，使蒸养锂渣粉水泥胶砂（L7h-M）和标养锂渣粉水泥胶砂（L-M）的耐硫酸盐侵蚀性能比较接近。主要原因如下：（1）L7h-M 与 L-M 的 CH 含量差异不明显（图 10-8）；（2）虽然 L7h-M 具有较高的孔隙率，但与 L-M 相比，L7h-M 具有更高的凝胶孔体积和更小的毛细管孔隙体积；（3）L7h-M 中更多的 C-S-H 凝胶、半碳水化碳铝酸盐和 C-A-S-H 可以有效地降低硫酸盐侵蚀。

2. 硫酸盐侵蚀后砂浆的质量变化

　　半浸泡硫酸盐侵蚀条件下水泥胶砂的质量变化情况如图 10-17 所示。半浸泡硫酸盐侵蚀条件下砂浆试样的劣化速度非常缓慢，经过两年的半浸泡后水泥胶砂没有明显的剥落现象，因此试样并没有出现明显的失重现象。相反，所有水泥胶砂的质量在两年的半浸泡过程中不断增加。值得注意的是，蒸养试件的质量增加量比标养试样高得多，然而，无论养护条件如何，锂渣粉的存在都降低了水泥胶砂在硫酸盐侵蚀过程中质量的增加。更高的质量增加实际上对应于水泥胶砂中硫酸盐的结晶和更严重的破坏，因此，由质量的增加量可知，蒸养试件相比标养试件遭受更严重的硫酸盐侵蚀，但掺锂渣粉可以改善这种情况。

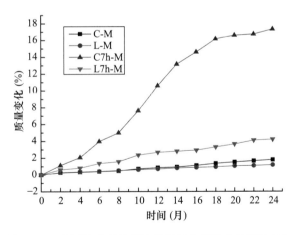

图 10-17　半浸泡硫酸盐侵蚀条件下水泥胶砂的质量变化

3. 半浸泡硫酸盐侵蚀后水泥胶砂中的物相

　　收集半浸泡硫酸盐侵蚀过程中砂浆的三个部位的组分，即干燥区域的白色风化结晶材料、干燥区域中心部位砂浆、浸泡区域中心部位砂浆，经粉磨后，用 XRD 分析其物相组成，其结果如图 10-18 与图 10-19 所示。

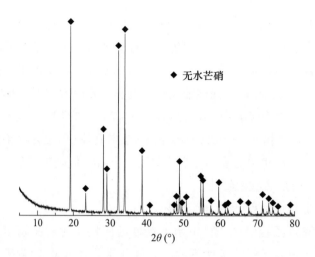

图 10-18 半浸泡两年后水泥胶砂试样上部干燥区表面泛光材料的 XRD 图谱

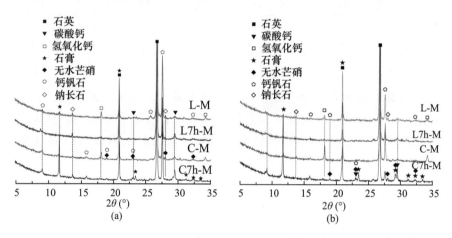

图 10-19 半浸泡两年后砂浆上部干燥区和下部浸泡区试样的 XRD 图谱[47]

（a）上部干燥区试样；（b）下部浸泡区试样

由于浸泡区砂浆中 Na_2SO_4 的持续供应，以及水分在干燥区 [（22 ± 2）℃ 和相对湿度（55 ± 5）%] 的持续蒸发，在半浸泡硫酸盐侵蚀过程中，砂浆的上部干燥区形成白色风化材料 [图 10-16（c）]，XRD 结果显示其为无水硫酸钠，无水硫酸钠的结晶是半浸泡硫酸盐侵蚀条件下水泥胶砂开裂的驱动力。

从图 10-19 可知，经过两年的半浸泡硫酸盐侵蚀，水泥胶砂上部干燥区域和下部浸泡区域的物相主要为石英、方解石（碳酸钙）、氢氧化钙、石膏、无水芒硝、钙矾石和钠长石，表明砂浆的上部干燥区和浸泡区均受到硫酸盐的物理和化学侵蚀。砂浆内部出现的无水芒硝也验证了硫酸盐结晶是造成水泥胶砂质量增加的原因之一，如图 10-17 所示。

此外，L7h-M 中石膏和碳酸钙的峰值强度远低于 C7h-M，这与 C7h-M 被硫酸盐侵蚀后发生了更严重的破坏有关（图 10-16）。与早期标养砂浆相比，早期蒸养砂浆中 CH（portlandite）的峰值较弱，说明蒸养水泥胶砂在硫酸盐侵蚀下发生了更严重的破坏（图 10-16）。这是因为蒸养水泥胶砂的粗孔结构可以加速 CH 在硫酸盐溶液中的浸出，而硫酸盐离子也很容易侵入蒸养砂浆中，并通过消耗 CH 形成钙矾石和石膏。

尽管锂渣粉中含有较多的碳酸盐，但是在硫酸盐侵蚀条件下锂渣粉水泥胶砂中并没有碳硫硅钙石形成，这与锂渣粉的掺量较低（质量分数为20%）、水泥中的碳酸钙含量有限（4.1%）以及硫酸盐侵蚀的环境温度（22±2）℃较高有关。

为了进一步验证图 10-19 中的 XRD 结果，采用 SEM-EDS 表征不同砂浆在半浸泡硫酸盐侵蚀条件下腐蚀产物（AFt 和石膏）的形貌和组成，其结果如图 10-20 所示。蒸养纯水泥胶砂 C7h-M 表面堆叠了大量的钙矾石和石膏，预示着半浸泡硫酸盐侵蚀过程中，水泥胶砂的上部干燥区同样受到化学侵蚀，这与图 10-19 的 XRD 结果一致。但是上部干燥区与下部浸泡区硫酸盐腐蚀产物的形貌并没有不同［图 10-20（c）和图 10-20（d）］：蒸养锂渣粉水泥胶砂上部干燥区和下部浸泡区中均紧密堆积着尺寸相似的钙矾石。

C7h-M 中钙矾石尺寸最大为 20~30μm，随后是 L7h-M 和 C-M，一般小于 20μm，最小的是 L-M，其钙矾石尺寸远小于 5μm。

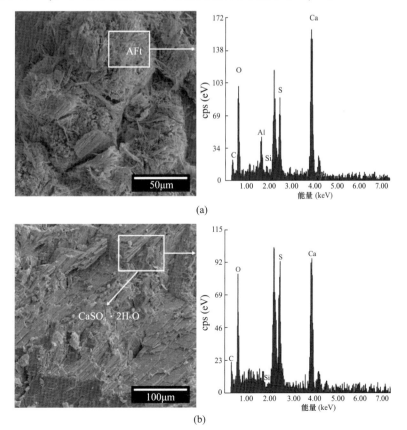

(a)

(b)

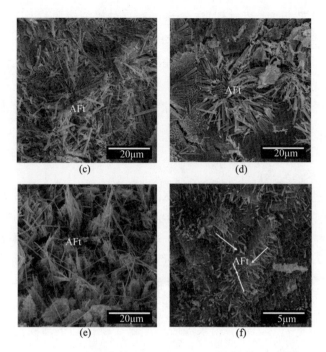

图 10-20　半浸泡硫酸盐侵蚀条件下腐蚀产物的形貌与组成
（a）、（b）C7h-M 上部胶砂；（c）L7h-M 上部胶砂；（d）L7h-M 浸泡区域胶砂；
（e）C-M 上部胶砂；（f）L-M 上部胶砂

10.6　本章小结

本章采用 80℃蒸养 7h、80℃蒸养 7d 和标养 28d 三种养护条件，首先介绍高温蒸汽养护条件下锂渣粉的水化反应活性以及掺 20% 锂渣粉复合水泥浆体的早期水化产物与力学性能；然后介绍早期蒸养与标养条件下掺锂渣粉复合水泥浆体的长龄期水化产物、砂浆的力学性能及耐硫酸盐侵蚀性能。主要结论如下：

掺锂渣粉改变了水泥水化产物的形貌和组成：蒸养 7h 条件下，锂渣粉复合水泥中 C-S-H 主要为网状；蒸养 7d 条件下，锂渣粉复合水泥浆体中 C-S-H 主要为网状，并有 AFt 和立方体 $CaCO_3$ 形成；标养 28d 条件下，锂渣粉复合水泥浆体的 C-S-H 主要为网状和球形等大粒子状，并伴有立方体 $CaCO_3$ 形成。

掺锂渣粉可以提高长龄期（720d）标养水泥胶砂的抗压强度和抗折强度，而 28d 与 720d 蒸养锂渣粉水泥胶砂的抗压强度略低于纯水泥胶砂。在早期蒸养和早期标养两种养护条件下，掺锂渣粉有利于提高水泥胶砂的抗半浸泡硫酸盐侵蚀性能，却不利于水泥胶砂的抗干湿循环-硫酸盐侵蚀性能；由于锂渣中 SO_3 的含量较高，标养水泥浆体中会出现延迟钙矾石（DEF）现象，而早期蒸养有助于消除这一风险。

参考文献

［1］刘进，何伟，王栋民. 蒸养条件下水泥-磷渣复合胶凝材料的水化产物的长龄期特征［J］. 电子显微学报，2017，36（6）：571-576.

［2］ALDEA C M，YOUNG F，WANG K，et al. Effects of curing conditions on properties of concrete using slag replacement［J］. Cement and Concrete Research，2000，30（3）：465-472.

［3］M O'CONNELL，MCNALLY C，RICHARDSON M G. Biochemical attack on concrete in wastewater applications：A state of the art review［J］. Cement and Concrete Composites，2010，32（7）：479-485.

［4］GOLLOP R S，TAYLOR H F W. Microstructural and microanalytical studies of sulfate attack. Ⅳ. Reactions of a slag cement paste with sodium and magnesium sulfate solutions［J］. Cement and Concrete Research，1996，26（7）：1013-1028.

［5］AL-AKHRAS N M. Durability of metakaolin concrete to sulfate attack［J］. Cement and Concrete Research，2006，36（9）：1727-1734.

［6］O'CONNELL M，MCNALLY C，RICHARDSON M G. Biochemical attack on concrete in wastewater applications：A state of the art review［J］. Cement and Concrete Composites，2010，32（7）：479-485.

［7］GOLLOP R S，TAYLOR H F W. Microstructural and microanalytical studies of sulfate attack. V. Comparison of different slag blends［J］. Cement and Concrete Research，1996，26（7）：1029-1044.

［8］WHITTAKER M，ZAJAC M，HAHA M B，et al. The impact of alumina availability on sulfate resistance of slag composite cements［J］. Construction and Building Materials，2016，119：356-369.

［9］CHEN D，HU X，SHI L，et al. Synthesis and characterization of zeolite X from lithium slag［J］. Applied Clay Science，2012，59：148-151.

［10］BOTTO I L. Structural and spectroscopic properties of leached spodumene in the acid roast processing［J］. Mater Chem Phys，1985，13（5）：423-436.

［11］CHAN S Y N，JI X. Comparative study of the initial surface absorption and chloride diffusion of high performance zeolite，silica fume and PFA concretes［J］. Cement and Concrete Composites，1999，21（4）：293-300.

［12］JAPPY T G，GLASSER F P. Synthesis and stability of silica-substituted hydrogarnet $Ca_3Al_2Si_{3-x}O_{12-4x}(OH)_{4x}$［J］. Advances in Cement Research，1991，4（13）：1-8.

［13］DING J，FU Y，BEAUDOIN J J. Strätlingite formation in high-alumina cement—zeolite systems [J]. Advances in Cement Research, 1995, 7 (28): 171-178.

[14] BLACK L, BREEN C, YARWOOD J, et al. Hydration of tricalcium aluminate (C_3A) in the presence and absence of gypsum—studied by Raman spectroscopy and X-ray diffraction [J]. Journal of Materials Chemistry, 2006, 16 (13): 1263-1272.

[15] WANG D, SHI C, WU Z, et al. A review on ultra high performance concrete: Part II. Hydration, microstructure and properties [J]. Construction and Building Materials, 2015, 96: 368-377.

[16] HEIKAL M, RADWAN M M, MORSY M S. Influence of curing temperature on the physico-mechanical, characteristics of calcium aluminate cement with air cooled slag or water cooled slag [J]. Ceramics-Silikáty, 2004, 48 (4): 185-196.

[17] LIU B, XIE Y, LI J. Influence of steam curing on the compressive strength of concrete containing supplementary cementing materials [J]. Cement and Concrete Research, 2005, 35 (5): 994-998.

[18] 韩建国, 阎培渝. 锂化合物对硫铝酸盐水泥水化历程的影响[J]. 硅酸盐学报, 2010, 38 (4): 608-614.

[19] NAJIMI M, SOBHANI J, AHMADi B, et al. An experimental study on durability properties of concrete containing zeolite as a highly reactive natural pozzolan [J]. Construction and Building Materials, 2012, 35: 1023-1033.

[20] BRECK D W. Zeolite molecular sieves: Structure, chemistry and use [M]. London: Wilry and Sons, 1974.

[21] KARAKURT C, TOPÇUİ B. Effect of blended cements with natural zeolite and industrial by-products on rebar corrosion and high temperature resistance of concrete [J]. Construction and Building Materials, 2012, 35: 906-911.

[22] LI B, HUO B, CAO R, et al. Sulfate resistance of steam cured ferronickel slag blended cement mortar [J]. Cement and Concrete Composites, 2019, 96: 204-211.

[23] RAMLOCHAN T, ZACARIAS P, THOMAS M D A, et al. The effect of pozzolans and slag on the expansion of mortars cured at elevated temperature-Part I: Expansive behaviour [J]. Cement and Concrete Research, 2003, 33 (6): 807-814.

[24] NGUYEN V H, LEKLOU N, AUBERT J E, et al. The effect of natural pozzolan on delayed ettringite formation of the heat-cured mortars [J]. Construction and Building Materials, 2013, 48: 479-484.

[25] AMINE Y, LEKLOU N, AMIRI O. Effect of supplementary cementitious materials (SCM) on delayed ettringite formation in heat-cured concretes [J]. Energy Procedia, 2017, 139: 565-570.

[26] FAMY C, SCRIVENER K L, ATKINSON A, et al. Influence of the storage conditions on the dimensional changes of heat-cured mortars [J]. Cement and Concrete Research, 2001, 31 (5): 795-803.

[27] 李保亮, 尤南乔, 朱国瑞, 等. 蒸养条件下锂渣复合水泥的水化产物与力学性能[J]. 材料导报, 2019, 33 (12): 4072-4077.

［28］LOTHENBACH B, WINNEFELD F, ALDER C, et al. Effect of temperature on the pore solution, microstructure and hydration products of Portland cement pastes ［J］. Cement and Concrete Research, 2007, 37 (4): 483-491.

［29］LOTHENBACH B, LE SAOUT G, GALLUCCI E, et al. Influence of limestone on the hydration of Portland cement ［J］. Cement and Concrete Research, 2008, 38 (6): 848-860.

［30］PANKRATOV V L, KAUSHANSKII V E, SHELUD'KO V P. Study of the properties of slag-alkali cements based on nickel slags ［J］. Russian Journal of Applied Chemistry (English Translation), 1986, 59: 4.

［31］MATSCHEI T, LOTHENBACH B, GLASSER F P. The role of calcium carbonate in cement hydration ［J］. Cement and Concrete Research, 2007, 37 (4): 551-558.

［32］SCHMIDT T, LOTHENBACH B, ROMER M, et al. Physical and microstructural aspects of sulfate attack on ordinary and limestone blended Portland cement ［J］. Cement and Concrete Research, 2009, 39 (12): 1111-1121.

［33］ZAJAC M, ROSSBERG A, LE SAOUT G, et al. Influence of limestone and anhydrite on the hydration of Portland cement ［J］. Cement and Concrete Composites, 2014, 46: 99-108.

［34］KAKALI G, TSIVILIS S, AGGELI E, et al. Hydration products of C_3A, C_3S and Portland cement in the presence of $CaCO_3$ ［J］. Cement and Concrete Research, 2000, 30 (7): 1073-1077.

［35］ALARCON-RUIZ L, PLATRET G, MASSIEU E, et al. The use of thermal analysis in assessing the effect of temperature on a cement paste ［J］. Cement and Concrete Research, 2005, 35 (3): 609-613.

［36］TAYLOR H F W, FAMY C, SCRIVENER K L. Delayed ettringite formation ［J］. Cement and Concrete Research, 2001, 31 (5): 683-693.

［37］AYE T, OGUCHI C T. Resistance of plain and blended cement mortars exposed to severe sulfate attacks ［J］. Construction and Building Materials, 2011, 25 (6): 2988-2996.

［38］VANCE K, AGUAYO M, OEY T, et al. Hydration and strength development in ternary portland cement blends containing limestone and fly ash or metakaolin ［J］. Cement and Concrete Composites, 2013, 39: 93-103.

［39］KJELLSEN K O, DETWILER R J. Reaction kinetics of Portland cement mortars hydrated at different temperatures ［J］. Cement and Concrete Research, 1992, 22 (1): 112-120.

［40］ESCALANTE-GARCIA J I, SHARP J H. Effect of temperature on the hydration of the main clinker phases in Portland cement: Part Ⅰ, neat cements ［J］. Cement and Concrete Research, 1998, 28 (9): 1245-1257.

［41］HE Z, LI L, DU S. Mechanical properties, drying shrinkage, and creep of concrete containing lithium slag ［J］. Construction and Building Materials, 2017, 147:

296-304.

［42］TARGAN Ş, OLGUN A, ERDOGAN Y, et al. Influence of natural pozzolan, cole-manite ore waste, bottom ash, and fly ash on the properties of Portland cement ［J］. Cement and Concrete Research, 2003, 33 (8): 1175-1182.

［43］CHEN F, GAO J, QI B, et al. Deterioration mechanism of plain and blended cement mortars partially exposed to sulfate attack ［J］. Construction and Building Materials, 2017, 154: 849-856.

［44］ZHONGYA Z, XIAOGUANG J, WEI L. Long-term behaviors of concrete under low-concentration sulfate attack subjected to natural variation of environmental climate conditions ［J］. Cement and Concrete Research, 2019, 116: 217-230.

［45］SHI Z, FERREIRO S, LOTHENBACH B, et al. Sulfate resistance of calcined clay-limestone-Portland cement ［J］. Cement and Concrete Research, 2019, 116: 238-251.

［46］KARAKURT C, TOPÇU İ B. Effect of blended cements with natural zeolite and industrial by-products on rebar corrosion and high temperature resistance of concrete ［J］. Construction and Building Materials, 2012, 35: 906-911.

［47］LI B, CAO R, YOU N, et al. Products and properties of steam cured cement mortar containing lithium slag under partial immersion in sulfate solution ［J］. Construction and Building Materials, 2019, 220: 596-606.